"12th 5- Year Plan" Specialized Textbook on
Environmental Design for Colleges and Universities
Chief Editor Liang Mei

高等院校环境设计专业"十二五"规划精品教材　　梁梅　主编

室内装饰设计
Interior Decoration Design

◎陈晓蔓　衣庆泳　编著

U0229877

华中科技大学出版社
http://www.hustp.com
中国·武汉

图书在版编目(CIP)数据

室内装饰设计/陈晓蔓,衣庆泳主编.—武汉:华中科技大学出版社,
2012.6
ISBN 978-7-5609-6826-1

Ⅰ.室… Ⅱ.①陈… ②衣… Ⅲ.室内装饰-建筑设计-应用心理学
Ⅳ.TU238

中国版本图书馆 CIP 数据核字(2010)第 252100 号

室内装饰设计   陈晓蔓   衣庆泳   主编

责任编辑:王晓甲
封面设计:李 嫚
责任校对:祝 菲
责任监印:张贵君
出版发行:华中科技大学出版社(中国·武汉)
     武昌喻家山   邮编:430074   电话:(027)87557437
录   排:武汉楚海文化传播有限公司
印   刷:湖北恒泰印务有限公司
开   本:787mm×996mm   1/16
印   张:12.5
字   数:357 千字
版   次:2012 年 7 月第 1 版第 1 次印刷
定   价:29.00 元

前　言

建筑与人心理的作用，我们的祖先早就已经发现并且利用了。李渔在《闲情偶寄》中写道："登贵人之堂，令人不寒而栗，虽气势使之然，亦寥廓有以致之；……造寒士之庐，使人无忧而叹，虽气感之乎，亦境地有以迫之。"其实，任何建筑物都有着替使用者或创造者做宣传的作用，都散发着对人心理的暗示，其区别只在于人们是否在有意地利用它罢了。同时，人对建筑的认识又是具有主观能动性的。刘禹锡在《陋室铭》中写道："斯是陋室，惟吾德馨。苔痕上阶绿，草色入帘青。谈笑有鸿儒，往来无白丁……南阳诸葛庐，西蜀子云亭。孔子云：何陋之有？"虽然是一个简陋的房屋，但因为刘禹锡有着丰富的精神世界，因此他觉得并不简陋。

在现实生活中，那些精心设计、景观优美的长廊难得见到几个游人；那些原以为能为游客提供方便的坐椅却未必有人去坐。与此形成对比的是一些未经设计的场地却聚满了人，人们宁愿坐在台阶上却不愿坐在设计好的坐椅上……这究竟是怎么一回事？人们到底在想些什么？

无论何时何地，每个人都渴望有一个能够受到保护的空间，因此无论在餐厅、酒吧，还是图书馆，只要存在一个与人共用的大空间，几乎所有的人都会先选择靠墙、靠窗或是有隔断的地方，原因在于人的心理上需要这样的安全感，需要被保护的空间氛围。当空间过于空旷巨大时，人们往往会有一种易于迷失的不安全感，而更愿意找寻有所"依托"的物体。

另外，人在室内环境中生活或者进行生产活动，总是力求不被外界干扰或妨碍。这就是心理学中的"领域行为"，即个人或团体针对一个明确的空间所作的一种标志性的或保护性的行为或态度模式，包括预防动作及反应动作。不同环境、性别、职业和文化程度等因素会使人际距离有所不同。

除此之外，人们对室内设计的钟爱还受到另一重要心理因素的影响，即私密性。私密性是作为个体的人对空间最起码的要求，只有维持个人的私密性，才能保证单体的完整个性，它表达了个体的人对生活的一种心理的概念，是作为个体的人被尊重、有自由的基本表现。

芬兰现代建筑大师阿尔瓦·阿尔托说："建筑师所创造的世界应该是一个和谐的、尝试用线把生活的过去和将来编织在一起的世界。而用来编织的最基本的经纬，就是人们纷繁的情感之线和包括人在内的自然之线。"如何使建筑富有美学含义和舒适性，令人愉悦，尽量避免可能产生的负面心理暗示，是建筑师人文关怀的重要体现。本书从室内装饰的基本要素与心理学相关知识入手，从以人为本的角度，对室内的建筑装饰设计进行了阐述，希望能够对年轻的设计师们有所帮助。

陈晓蔓

2010年12月

目　录

第一编 绪 论

第一章　室内装饰设计概述

建筑装饰是对建筑的美化，兼具建筑艺术和造型艺术的特征。而室内装饰设计是指为满足人们的生产、生活的物质要求和精神要求，针对建筑内部装饰所进行的理想的设计。室内装饰设计是建筑装饰设计的重要组成部分。建筑装饰设计者在从事建筑装饰设计工作的绝大部分时间里，都是以室内装饰设计为主的。所以对室内装饰的考察、研究和体验是每一位设计者必须面临的任务。

第一节　室内装饰设计的概念

在人类历史的长河中，人类要求生活更舒适、更实用的愿望，成为推动仅具有避难所功能的建筑不断发展的动力。室内装饰设计必须进一步满足和实现这个愿望，将功能和美结合起来，从而构成各种令人心旷神怡的空间。

在建筑学中，"空间"是一个内涵非常丰富的专业术语。通常来说，空间是指由结构和界面所限定围合的供人们活动、生活、工作的区域。对于一个六面体的房间来说，很容易区分室内空间和室外空间，但是对于不具备六面体特性的房间来说，往往可以表现出多种多样的内外空间关系，有时确实难以在性质上加以区分。区分的最基本标准是"室内空间"是具有顶界面的。

日益发展的科技水平和人们不断求新的开拓意识，必然会孕育出更多样的室内空间，比如，虚拟空间。虚拟空间的范围没有十分完备的隔离形态，也缺乏较强的限定度，是只靠部分形体的启示，依靠联想和"视觉完形性"来划定的空间，所以又称"心理空间"。

凹入空间是在室内某一墙面或角落局部凹入的空间，通常只有一面或两面开敞，所以受干扰较少，其领域感与私密性随凹入的深度而加强。

如果凹入空间的垂直围护是外墙，并且开较大的窗洞，便是外凸式空间了。这种空间是室内凸向室外的部分，可与室外空间很好地融合，视野非常开阔。当外凸空间为玻璃顶盖时，就又具有日光室的功能了。这种空间在室内外都可丰富空间造型，增加很多情趣。

　　室内地面局部下沉，可限定出一个范围比较明确的空间，称为下沉空间。这种空间的底面标高较周围低，有较强的围护感，风格是内向的。处于下沉空间中，视点降低，环顾四周，新鲜有趣。下沉的深度和阶数，要根据环境条件和使用要求而定。

　　迷幻空间的特色是追求神秘、幽深、新奇、动荡、光怪陆离、变幻莫测的、超现实的戏剧般的空间效果。在空间造型上，有时甚至不惜牺牲实用性，而利用扭曲、断裂、倒置、错位等手法进行设计，家具奇形怪状，追求怪诞的形式，照明讲究五光十色，跳跃变幻，追求怪诞的光影效果，在色彩上则突出浓艳娇媚，线型讲究动势，图案注重抽象，装饰陈设品不是追求粗野狂放，就是表现现代工艺所造成的奇光异彩和特殊肌理。

　　室内地面局部抬高，抬高面的边缘划分出的空间称为地台空间。由于地面抬高，为众目所向，其风格是外向的，具有收纳性和展示性。处于地台上的人们，有一种居高临下的优越的方位感，视野开阔，趣味盎然。

　　室内装饰设计是为了满足人们各种行为需求，运用一定的物质技术手段与经济能力，根据使用对象的特殊性以及他们所处的特定环境，对建筑内部空间进行的规划和组织，从而创造出有利于使用者物质功能需要与精神功能需要的安全、卫生、舒适、优美的室内环境。室内装饰设计偏重于对室内界面的艺术处理和材料的选用，更多关注空间中二维平面的装饰效果，同时也包括对室内家具、灯具、陈设的选用。

　　一是实质环境。

　　实质环境可分为两类：一是建筑物自身的构成要素，与建筑连成一体，不可任意移动，属于固定形态要素，例如，梁、柱、顶棚、地面、墙面和门窗等（图1-1）；二是室内一切固定或活动的家具摆放，例如，壁柜、桌椅、厨房设备、隔断及浴厕洁具等等（图1-2）。

　　二是非实质环境。

　　非实质环境是指与室内气氛有关的多种要素，包括室内光环境、色彩、采光、通风和促进室内视觉美感的装饰要素（图1-3）。具体地讲，如：墙面、地面、顶棚的饰面处理，室内的雕刻、壁挂等等。

除此之外，还应注意对人体工程学的研究，因为能否满足人的心理、生理要求是评价一个设计好坏的重要标准。

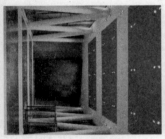
图1-1　实质环境

图1-2　家具摆放

图1-3　非实质环境

第二节　室内装饰设计的内容

室内装饰设计的内容，是指为了满足人们生活、工作、休息和进行社会活动的需要，为了提高室内空间的生理和心理环境的质量，运用建筑学相关知识对室内的空间、界面、物理环境和陈设艺术等建筑内部环境进行的规划、布置和安排。

一、室内空间设计

室内空间设计，就是对建筑所提供的内部空间进行处理，对建筑所界定的内部空间进行二次处理，并以现有空间尺度为基础重新进行划定。在不违反基本原则的前提下，重新阐释尺度和比例关系，并更好地对改造后空间的统一、对比和面线体的衔接问题予以解决。室内空间设计的目的在于通过空间的比例、尺度、虚实的变化给人带来不同的感受；同时，对于复杂的空间结构，还要处理好空间与空间的衔接、过渡以及空间的流通，空间的封闭与通透等关系。

二、室内界面设计

室内界面设计，主要是对建筑内部空间的天棚、墙面、地面等界面以及附属界面上的构件，如楼梯、踏步、门、窗等，按照一定的设计要求，进行二次处理，以及分割空间的实体、半实体等内部界面的处理。同时，在条件允许的情况下也可以对建筑界面本身进行处理。

室内界面设计的目的在于运用技术与艺术的手法处理好室内空间中各个界面的造型、材料、色彩、照明、纹样、肌理等问题。

三、室内物理环境设计

室内物理环境设计,是指对室内物理环境的质量以及调节的设计,主要是室内体感气候——采暖、通风、温度调节、亮度等方面的设计处理,是现代设计中极为重要的方面。在这个过程中,科技的发展和应用起着重大的作用,这主要是指各种能够改造室内物理环境质量的方法、方式和仪器设备等。室内物理环境设计在于通过人性化的设计,来达到"以人为本"和环保等目的。

四、室内陈设艺术设计

室内陈设艺术设计主要是对室内家具、设备、装饰物、陈设艺术品、照明灯具、绿化等方面的设计处理。

从使用者的角度来说,由于人是室内装饰设计服务的主体,从人们对室内装饰身心感受的角度来分析,即从人们对室内装饰的生理和心理的主观感受来分析,人的主观感受主要包括室内视觉感受、听觉感受、触觉感受、嗅觉感受等,其中又以视觉感受最为直接和强烈。因此,人们对室内装饰的主观感受,是现代室内装饰设计需要探讨和研究的主要问题。

第三节 室内装饰设计的类型

一、按设计对象的角度分类

按设计对象的角度来分,室内装饰设计可以分为室内风格设计、空间设计、照明设计、色彩设计、环境设计、饰品设计等。

室内风格设计的具体内容包括运用文脉、历史、自然等设计元素完成个性化设计;室内空间设计的具体内容包括室内的界面、构件的设计;室内照明设计的具体内容包括室内电光源、灯具、照明组合方式的设计;室内色彩设计的具体内容包括室内界面色彩、室内家具色彩、环境色彩的设计;室内环境设计的具体内容包括室内自然采光、通风、绿化等方面的设计；室内饰品设计的具体内容包括室内的浮雕、挂画等饰品设计。

二、按建筑物的性质和使用功能分类

按建筑物的性质和使用功能来分，室内装饰设计可以分为居住类建筑装饰设计和公共类建筑装饰设计、工业类室内装饰设计和农业类室内装饰设计等多种形式（图1-4）。

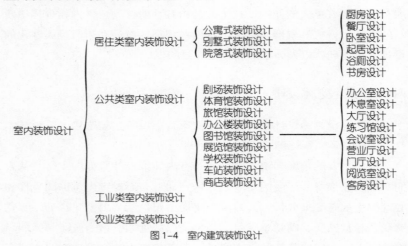

图1-4　室内建筑装饰设计

通常，居住类室内装饰设计的类型不多，但是由于个人需求的不同，所以往往差异较大，个性化明显。公共类室内装饰类型虽多，但各种类型中相同的空间环境却随处可见，如办公室、门厅、训练馆等等。

通过不同的室内功能分类，使设计者在接受室内装饰设计任务时，可以从容地围绕不同使用功能的空间，进行风格定位，并考虑空间、材料及色彩等方面的综合设计。例如居住建筑中的室内空间与宾馆建筑中的客房虽同属居住空间（其小空间使用功能略有相同），但两者属于不同使用性质的建筑，所以在室内装饰设计时要充分考虑建筑使用性质不同这一重要性质。这样设计出来的居住类室内空间才能使主人感到温馨、舒适；宾馆建筑中的客房才能让人感到功能合理、空间紧凑、使用方便。

三、按设计的风格分类

按设计的风格来分，室内装饰设计可以分为传统风格、现代主义风格、后现代主义风格、新现代主义风格、解构主义风格、自然风格以及混合型风格等多种类型。

（一）传统风格

传统风格的室内设计，主要是指在室内布置、线型、色调，以及家具、陈设的造型等方面，吸取传统装饰"形"、"神"特征的一种室内设计风格。一般相对现代主义而言，是具有历史文化特色的室内风格设计，强调历史文化的传承，人文特色的延续。传统风格包括一般常说的中式风格（图1-5）、欧式风格、伊斯兰风格、地中海风格、日本传统风格（图1-6）等。同一种传统风格在不同的时期、地区，其特点也不完全相同。如欧式风格可分为哥特风格、古典主义风格、法国巴洛克风格、英国巴洛克风格等；中式风格也可分为明清风格、隋唐风格、徽派风格、川西风格等。

图1-5 中国传统风格　　　　图1-6 日本传统风格　　　　图1-7 现代主义风格

（二）现代主义风格

现代主义风格起源于1919年成立的包豪斯学派。该学派处于当时的历史背景，强调突破旧传统，创造新建筑，重视功能和空间组织，注意发挥结构构成本身的形式美，造型简洁，反对多余装饰，崇尚合理的构成工艺，尊重材料的性能，讲究材料自身的质地和色彩的配置效果，发展了非传统的以功能布局为依据的不对称的构图手法。包豪斯学派重视实际的工艺制作操作，强调设计与工业生产的联系（图1-7）。

现代主义风格意味着简练、优雅、不失亲切的生活环境。有些"新极简抽象派"意味的现代主义风格，远离了以前所创造的那种刻板、苍白而又荒凉的极简抽象环境，形式和功能结合得天衣无缝，充满了舒适宜人的气氛。这种风格删繁就简，使得房间诸设计元素的简约之美充分地显现出来。今天的现代主义风格少了些极端主义，多了些环境意识，热忱地接受了自然色彩，并用它们来营造气氛，偶尔使用大胆的色彩加以强调。在突出形状和质地的基础上，再加上新旧家具的混合使用，使得这种风格突破了时代的限制，变得容易被接受了。现代主义风格的特点如下：

（1）功能主义特征。强调以功能为设计的中心和目的，而不再以形式为设计的出发点，讲究设计的科学性，重视设计实施时的科学性与方便性。

（2）形式上提倡非装饰的简单几何造型。受到艺术上的立体主义影响，推广六面建筑和幕墙架构，提倡标准化原则、中性色彩计划与反装饰主义立场。

（3）在具体设计上重视空间的考虑，特别强调整体设计，反对在图板上、预想图上设计，而主张以模型为中心的设计规划。

（4）重视设计对象的费用和开支，把经济问题放到设计中，作为一个重要因素加以考虑规划，从而达到实用、经济的目的。

（三）后现代主义风格

后现代主义风格一词最早出现在西班牙作家德·奥尼斯1934年出版的《西班牙与西班牙语类诗选》一书中，用来描述现代主义内部发生的逆动，特别有一种现代主义纯理性的逆反心理。从20世纪60年代开始，后现代主义开始萌芽。在后工业社会来临之时，引发了一系列社会变革。科学技术的进步，以及第三产业的巨大发展，逐渐影响到平面设计和产品设计，继而出现了狭义的后现代主义和广义的后现代主义。

后现代主义风格强调建筑及室内装潢应具有历史的延续性，但又不拘泥于传统的逻辑思维方式，探索创新造型手法，讲究人情味，常在室内设置夸张、变形的柱式和断裂的拱券，或把古典构件的抽象形式以新的手法组合在一起，即采用非传统的混合、叠加、错位、裂变等手法和象征、隐喻等手段，以期创造一种融感性与理性、集传统与现代、集大众与行家于一体的建筑形象与室内环境，简单来说就是"亦此亦彼"（图1-8）。后现代主义风格代表作有：澳大利亚悉尼歌剧院、巴黎蓬皮杜艺术与文化中心、摩尔的新奥尔良意大利广场等。

图1-8　后现代主义风格

（四）新现代主义风格

在20世纪70年代，很多设计师认为现代主义已经穷途末路了，因而必须用各种不同类型的历史与装饰风格加以修正，从而引发后现代主义运动。但是，有一些设计师却依然坚持不懈地发展现代主义的传统，完全依照现代主义的基本语言设计。他们根据具体情况加入了新的简单形式的象征意义，人数虽不多，但影响很大。贝聿铭便是杰出的代表，在他设计的作品中，如香港中银大厦（图1-9），没有烦琐的装饰，结构与细节都遵循功能、理性、新的建筑结构，但赋予象征性意义。再如卢浮宫金字塔，结构本身不仅是功能的需要，而且象征历史与文明的传承。

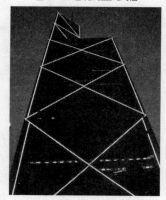

图1-9　香港中银大厦

他改变了一成不变的方玻璃盒子，并延续和赋予建筑以新的内涵。

（五）解构主义风格

解构主义风格是在20世纪60年代，以法国哲学家J.德里达为代表所提出的哲学观念，是对20世纪前期欧美盛行的结构主义和理论思想传统的质疑和批判。建筑和室内设计中的解构主义派对传统古典、构图规律等均采取否定的态度，强调不受历史文化和传统理性的约束，是一种看似结构构成解体，而实际是突破传统形式构图，用材粗放的流派。解构主义建筑理论的中心内容之一就是建筑的主要问题是意义的表达，而表达意义的建筑有时候是不可信赖的，有时候是会误解误译的。因此，建筑传达的意义并不可靠，一个符号有时候会传达不同的好几个意义。建筑师如何能够使他所希望传达的意义表现出来，如

图1-10 犹太人博物馆

图1-11 混合型风格

何能够代表社会社区表达意义呢？这一系列问题，都是解构主义建筑家经常考虑的。重要的代表人物有弗兰克·盖里、柏纳德·屈米等人。其中影响最大的是弗兰克·盖里，他被认为是世界上第一个解构主义的建筑设计家。以丹尼尔·里博斯金的犹太人博物馆（图1-10）和盖里的古根海母博物馆为解构主义风格的代表作品。

（六）自然风格

自然风格倡导"回归自然"，强调只有推崇美学上的亲近自然、结合自然，才能使人们在当今高科技、高节奏的社会生活中取得生理和心理上的平衡。因此，室内多用木料、织物、石材等天然材料，以显示材料的纹理，清新淡雅。此外，由于宗旨和手法的类同，也可把田园风格归入自然风格一类。以美式田园风格为例，田园风格在室内环境中力求表现悠闲、舒畅、自然的田园生活情趣，也常运用木、石、藤、竹等材质质朴的天然纹理。田园风格巧于设置室内绿化，创造自然、简朴、高雅的氛围。

（七）混合型风格

近年来，建筑设计和室内设计在总体上呈现多元化趋势和兼容并蓄的状况。室内布置中也有既趋于现代实用，又吸取传统的特征，在装潢与陈设中融古今中西于一体，例如传统的屏风、摆设和茶几，配以现代风格的墙面及门窗装修、新型的沙发；欧式古典的琉璃灯具和壁面装饰，配以东方传统的家具和埃及的陈设、小品等等（图1-11）。

第二编　室内装饰设计的理论探讨

第二章　室内装饰设计程序与人的发展

　　室内装饰设计的程序是从接到设计委托开始运行的。从现场勘察到设计思考，从设计方案到施工监理，每个环节都有设计者的工作，只是每个阶段的侧重点不一样。而在设计者参与的每一个环节当中，"以人为本"始终是放在第一位的。

第一节　室内装饰设计的前期工作

　　从设计委托开始，设计者就要开始进行设计的前期准备工作。准备工作包括资料收集、制订设计计划等工作。

一、设计委托

　　在实际工作中，设计任务往往是通过招标设计、邀标设计、委托设计等几种方式开展设计工作的。现阶段很多较大型的建筑装饰设计任务，一般是通过招标的形式来委托若干家有一定设计资质的装饰设计公司或装饰工程公司来参与招标设计，通过专家的评选从中选出实施方案。邀标设计是指建设单位或有关部门邀请几家有实力的设计公司或施工单位，建设单位或有关部门给每一个设计单位一定的工本设计费用，规定在一定的时间内完成建筑装饰设计任务，最后专家评选出最佳实施方案。委托设计是建设单位委托某一个设计单位进行完整的独立设计工作。这种委托设计方式，使设计单位投入的成本较小，但通常情况下只适应于一般中小型的室内装饰工程项目。

二、资料收集

　　资料收集工作包括意向调查、实地勘察、参考资料收集等工作内容。

　　意向调查是指要对建设单位的委托任务书进行认真分析，同时通过建设单位全面了解建设资金、周围环境、特殊功能、卫生及消防等多方面的要求。

　　实地勘察的工作内容包括对工程地点的实地考察，具体任务有：了解建筑施工的结构方式，建筑材料的使用，水、暖、电、空调设备的管线走向，建筑施工质量的优劣以及建筑的空间感受等。具体的操作手段包括实地验尺[1]、数码拍照、数码录像等方式，以备将来设计之用。

参考资料收集工作包括图书资料的收集，如参考工具书、相关报刊杂志的收集、音像资料的收集。收集方式如上网查找相关资料、参考光盘的收集；实景环境的收集主要包括相关的实地考察等工作。如果是异地设计、施工，设计者还要对当地装饰材料、施工条件、施工环境等可能影响设计的因素加以考察，以便参考来制订出最佳设计方案。

三、制订设计计划

设计者在设计之前要制订出周密的设计计划。设计计划可根据建设单位提出的设计招标书的具体要求来制订。其主要设计内容可参考设计招标书的具体要求、方案、预定成果来安排。设计计划按时间可分为两部分，即投标阶段和施工设计阶段。

（一）投标阶段

投标阶段的设计内容可包括方案阶段、初步设计阶段。

方案阶段的时间安排主要依据设计者的设计构思时间来确定。这个阶段的主要工作包括，设计者首先通过设计构思拟定若干设计方案，同时征求并参考相关专业人员的意见，最后确定正式投标方案。

初步设计阶段是方案阶段的继续。在方案阶段确定投标方案之后，就进入初步设计阶段，其内容主要包括设计说明的编写，初步设计图纸的绘制及初步设计概算的编制三部分内容。设计完成后所形成的设计方案成果通过设计文本、挂图、电子文件等方式参与竞标。

---

1 实地验尺：

A. 现场以素描方式绘出平面简图，并标明门、窗、柱、管道间、梁等位置。

B. 准确丈量每一处之尺寸，并标注于简图中。

C. 画出简单的立面图。

D. 将窗台高度、窗高、梁高、梁深及屋高尺寸加以标注。

E. 标注给排水、电表箱、煤气管道、配电之插座、开关、灯口及消防等设备。

F. 标注出口位置。

G. 观察建筑物结构，并将柱、RC墙、IB砖墙、1/2砖墙等注明于简图中。

H. 观察建筑物之室外环境、方位、景观、与邻近建筑物的关系并记录下来。

I. 若为旧宅翻新之案例将原有并需要留用的家具、设备等以草图绘出并注明尺寸、表面材质、色彩及细部收头等。

（二）施工设计阶段

设计计划的第二部分是在投标阶段的设计方案被采纳后，设计计划可根据建设单位提出的设计修改要求和文件（设计委托书或合同书）来制订该项建筑装饰设计的完成计划，主要还包括施工监理阶段。

（1）施工设计阶段包括对实施方案的修改、各专业的协调和室内装饰设计施工图的完成三部分内容。首先是要对建设单位提出的建设性意见进行设计修改。其次设计者要与水电、通风空调等相关配合专业进行沟通协调，如需要在设计中改动建筑原有的水电、通风空调等内容时，就需要相关专业设计出改动后的施工图纸，这些施工图纸将成为建筑装饰施工图设计的重要依据。最后综合考虑，完成建筑装饰设计施工图的全部工作。正式的室内装饰施工图一般包括图纸目录、设计说明、各个界面的设计图、有关节点大样细部设计图等主要方面的内容。根据正式施工图的设计内容，参照有关建筑装饰预算定额进行编制预算。在装饰工程开工前，设计单位应当在建设单位组织下，向有关施工单位进行技术交底。说明设计意图、构造做法、材料选择等技术要求，其目的是使施工单位对工程特点、技术质量要求、施工方法与措施等方面有一个较详细的了解，以便于科学地组织施工，避免技术质量等事故的发生。当然，如果设计与施工是同一家公司则可以省略这一环节。

（2）施工监理阶段是指装饰工程施工的全过程中，设计人员要配合工程施工做好对施工项目开展监理工作，其主要目的在于确保施工安全、质量、投资和工期等满足业主的要求。施工监理的主要内容包括对材料、设备的订货选择，完善施工图中未交代的构造做法，处理与各专业之间未预见的设计冲突等问题，以及施工结束后要完成的竣工图等工作。

第二节　室内装饰设计的构思

方案阶段是指设计者通过设计构思拟定若干个设计方案，经过反复推敲，综合各方面因素，最后确定正式方案的过程。设计方案中的设计构思是整个设计中的核心环节，是关系到设计方案成功与否的关键所在，也是设计者最为紧张在意的阶段。这时的设计者要在建筑装饰设计基本要点的指导下，确定设计构思的原则，安排设计构思的步骤，选用设计构思的方法，将室内装饰设计方案最后敲定。

一、构思的原则

要确定实用、经济、美观的设计原则。这是因为设计可能会对社会、环境、观念、潮流产生一定的影响，而建筑装饰设计者应具有一定的社会责任感。在总的原则指导下，同时应在可持续发展方面、建筑装饰科技发展方面、个性化设计方面多下工夫，为室内装饰设计的发展多作贡献。实用、经济、美观的设计原则，要求做到：首先，实用性，即所做的设计要为使用者提供必要的便利条件，满足各种使用功能的要求，使得使用者在该空间里的生活、工作、休息、学习都非常便利、舒适。其次，经济性，设计质量的优劣并不一定与投资成正比，即并非装饰材料越高档，装修效果就越理想。一个成功的室内装饰设计往往是采用最恰当的材料，花费最低的成本，创造出最为出色的室内设计成果。最后，美观性。爱美是人的天性，创造一个怡人的室内环境，是每一个设计者和使用者的共同梦想，但在设计中如果处理不好，可能会和经济性相互矛盾，处理得当则事半功倍。

在确定设计的基本原则后，设计中还要注意应具有前瞻性。首先，要坚持可持续发展的原则，因为人的生存离不开环境，社会也要依托环境而生存，设计者必须具备一定的社会责任感。设计的作品要对社会、环境发展起推动促进作用，决不能起反作用。其次，还要考虑建筑装饰科技发展的原则，要敢于采用新材料，运用新技术，要勇于创新，不惧怕失败，因为只有不断创新才是设计发展进步的必由之路。最后，设计者还要坚持个性化的原则，每一种设计理念，每一种设计构思都要受到来自各个方面因素的制约，其中居住者的主观意愿和个性要求是设计者必须要考虑的重要因素之一，以免最后的作品无法赢得使用者的青睐，从而成为一个没有灵魂、缺乏思想深度的败笔。这就要求设计者要不断学习、突破，不断提高自身的专业业务能力，用自己匠心独运的设计、完善个性的方案去打动业主，使设计实施最终能按照设计者的意图去展开。

二、构思的步骤

设计者的设计构思方法因人而异，但构思的步骤大同小异，有一定的规律可循。在构思开始时，首先要确定设计的原则，其次要把握建筑装饰的设计要点，并依照形象酝酿阶段、图解思考阶段、方案调整阶段三个阶段来完成方案设计的构思内容。

（一）形象酝酿阶段

在形象酝酿阶段，设计者首先要查阅大量设计参考资料，并在大脑中思考关于设计风格、使用功能、指标等一系列的问题。在这里，仅以餐厅建筑装饰设计为例进行解析，其他建筑装饰设计的思考方法可以此作为参考。

1.确定风格

做建筑装饰设计，首先要确定设计风格。确定风格就为以后的设计思路敲定了整体格调，如同音乐定调、写文章定中心思想一样，是整个设计工作最基础最核心的内容。设计风格可选择现代风格、高科技风格、中式风格、欧式风格、地方风格等。风格的选择可从了解到的历史流派中借鉴，也可以是原创性作品，作为设计者当然要有原创的内容，不能全部照搬他人的设计构思，要提倡个性化的设计。

2.功能分析图

在确定风格以后，要完成的设计工作是勾画功能分析图。作为成熟的设计或一般的小型设计可省略此内容，但多数设计还是要完成此项内容的。作为中餐酒店，要确定所设计的餐厅的餐饮方式，比如普通餐厅、自助餐厅、烧烤餐厅、快餐厅等，在确定类型后做出功能分析图。

3.确定技术指标

在确定功能分析后，要明确一些和设计内容有关的技术指标。如每平方米人数及容纳总人数，以及不同使用性质的面积分类等内容。在餐厅设计中要确定每平方米座数、最多容纳人数、包房、散客区及厨房的面积分配比例等有关数据指标。

（二）图解思考阶段

图解思考阶段是每一个设计者都必须经过的设计过程，一个成功的设计往往包含着设计者大量的图解思考。每个设计者都有自己的图解思考方式，但思考步骤主要有平面功能图解思考和空间造型图解思考两部分内容。

1.平面功能图解思考

设计者在将功能分析图研究清楚后，就要开始在图纸上构思平面草图。平面构思草图可分为图解草图和正式草图两种形式，这是根据设计者的个人习惯和他要交流的对象的不同所采用的不同画图法。作为初入行业的设计者，还是要按正式草图的图纸表达方式去完成设计，等到设计思想、绘图水平均达到一定的水平之后，再形成自己的工作风格。

一般情况下，首先可在1∶200～1∶50的平面图上做水平动线组织分析，从不同的观测角度出发，采用不同的思考方式勾画出多种的动线分析图，通过相互比较选择出最后的实施方案。其次，在选择的动线分析图上进行不同性质区域的划分，为下一步家具和陈设的布置奠定基础。最后，确定最终的平面布置草图[1]。设计者的草图有时不尽相同，但都主要表现这几方面的内容：家具与陈设的布置、各种设计选材的标注和设计思想说明等文字表达内容。

2.空间造型图解思考

室内装饰设计经过平面功能图解思考的过程后，平面图纸已初步确定。设计者接下来要着手进行剖面分析与设计，即对室内的空间组合及造型进行设计。空间造型图解思考也可分为图解草图和正式草图两种。和平面构思草图一样，草图的表达因人而异，当然还要考虑图纸内容和要交流的对象。

在空间造型图解思考中，面对的室内空间复杂程度不同，可能图解量也会有所差别。对于复杂的室内装饰设计还要进行垂直动线的分析，合理安排室内空间的活动规律及人流的走向，所以图解量会大一些。对于小型空间主要的工作是进行空间造型的图解思考，图解量相对要小一些。但不管设计繁简，都要多做图解方案，进行多方案比较，并在不断的改进完善中完成设计草图工作。

（三）方案调整阶段

在方案调整阶段中，主要的工作是就设计草图与有关人员进行交流，并最后敲定设计方案。在交流中可以就多个草图方案的相互比较和取舍关系与有关人员进行交流，也可以将自己的最终草图拿出来与有关人员交流，征求并参考各方意见，最终敲定设计草图。

1　平面布置图：① 充分考虑各空间的用途。住宅空间可分为玄关、客厅、餐厅、主卧室、小孩房、幼儿房、长辈房、客房、书房、起居室、工作室、音乐室、收藏品室、音响视听室、休闲娱乐室、储藏室、佣人房、厨房、浴室、阳台等。考虑空间的大小及用途时，应依业主所给予的家庭资料及需求规划之。② 考虑各空间之间的分隔方式。室内采用不同的分隔方式，可使空间有层次而生动地变化。

1.与同行交流

可以就设计草图与设计小组每位成员进行探讨，从中找到一些可能考虑不周全的地方。尤其是那些非常熟悉某种空间的专业设计人员，他们有对该类型空间的设计心得和体验，可以提供非常有价值的参考意见。

2.与甲方交流

在可能的条件下，一定要虚心请教甲方（使用者）有关人员，因为他们是今后的空间使用者，对室内空间的调整布局有绝对的发言权。对于某些二次装修的室内空间，使用者本身熟知室内的各种设备、管道、结构及空间感受，而设计者对空间的短暂感受不足以完整了解各个空间，只有认真地与甲方进行沟通交流，才能了解使用者对理想空间的感受。

三、构思的方法

完成一个建筑装饰设计作品，要付出艰辛的构思过程的努力。综观设计构思的方法，每个设计者都有自己的思维习惯，以下就功能设计法、造型设计法、主题设计法这三种构思方法进行分析，三种构思方法各有特点，它们都有各自的设计倾向，但并不排斥其他设计元素。

（一）功能设计法

所谓功能设计法，就是在设计构思中，始终围绕"功能"这个中心进行设计的一种设计方法。重视功能是功能设计法的核心思想，但在设计中并不排斥其他设计元素，如造型问题、环境问题、应用新材料等问题。只是在设计中更注意发挥功能的作用，使设计有一定的主导思想，强调功能设计一贯是现代建筑的设计理念。自从建筑师路易斯·沙利文的"形式随从功能（form follows function）"的经典名

图 2-1 客厅装修效果图

言发表后，用功能设计的现代建筑思想已经走过了近百年。利用形式去充实内容，根据内容去完善形式，成为当前建筑创作者的当行之路，而寻找内容与形式的结合点将是建筑创作的永恒主题。功能设计的核心内容是在设计中将功能作为第一重点要素。如动线的划分，不同使用区域的划分、不同房间性质的划分，根据不同使用性质设计不同的空间，比如客厅就要有沙发、茶几等家具（图2-1），还要考虑其舒适性等因素，这些都是功能设计最重要的内容。总之，功能设计是将人的活动作为设计的依据，使人在室内空间里能舒适地学习、工作、生活。但该设计法将人的精神承受方面的内容放到了次要的考虑地位，如果设计者处理不好这个问题，设计也很难成功。

（二）造型设计法

所谓造型设计法，就是在设计构思中，始终围绕"造型"这个中心进行设计的一种设计方法（图2-2）。在这种设计方法中造型取代功能成为第一设计要素，一切设计都是围绕着造型取代功能这一要素而展开的。造型设计同样不排斥其他设计元素，如功能问题、空间问题、材料问题、经济问题等，如设计者处理得

图2-2　以艺术的名义建造的应急建筑

当，同样可以取得很好的设计效果。造型设计就是为了审美功能而进行的一种设计，它将空间的功能等要素放到了第二位。这一设计方法的最初思想来源要追溯至17世纪的法国皇家建筑学院，虽然几经沉浮，但依然还有很多设计者追求这种设计风格。造型设计将审美贯穿于设计始终，在设计上追求造型艺术，但较少考虑舒适性，虽然过多的造型使功能和经济方面不太合适，但也会赢得一部分业主的欢迎。

（三）主题设计法

所谓主题设计法，就是在设计构思中，始终围绕一个主题进行设计的一种设计方法。作为设计的主题，内容可以是多种多样的。主题

图2-3　台湾原住民风格主题餐厅

设计可以使设计者很快进入设计状态，并围绕"主题"这个主线展开一系列的设计构思，可以使设计的条理清晰、思想鲜明，能较快地完成不同风格的设计构思。设计者在使用这种方法进行设计时，首先要选好主题。主题设计法所选择的主题范围很广，可以是一种细化了的风格，也可以是一种图形、图腾、材料，甚至可以是一首诗的含义。例如台湾某餐厅的设计（图2-3）采用了以台湾原住民文物为主题，设计者在经过对原住民的历史与文物的相关研究之后，将原住民的木刻及图腾的形式和语汇加以简化，并将之抽象为单纯的现代设计元素。同时以代表百步蛇的传统三角形图案为基本元素，透过平面及立体的界面，将其符号运用在柱面的木刻质感及餐桌收边的纹饰与地砖的拼花上。另外，在材质表现上，柱面饰以三角形凸凹的凿痕和实木横线，墙面的岩石及桌面的蛇纹石，也系采用原住民的传统建材。该餐厅的设计风格和构思是为主题设计法提供了一个极好的范例。

第三节　室内装饰设计方案

在完成设计构思后，设计者要配合方案小组完成最后的设计作品。现在室内装饰设计已不再是以个人能力就可以包揽全部设计任务的时代，而是一个依靠集体的智慧与力量分工合作的新时代。

一、投标阶段成果

投标阶段是设计能否获得认可的关键所在，因此投标的设计内容及相关文件起到了重要的作用。投标的设计、说明、图纸内容、图纸效果、包装等所有细节问题都可能对投标的成功与否产生一定的影响。一般投标的内容主要有：效果图、文本、电子文件、模型、预算等，以上内容中预算可视甲方的要求定，其他内容则是设计单位为了设计效果而定的硬性要求，但设计者最终拿出的设计成果也要讲究经济、实用。

效果图是设计方、建设方及专家进行交流的重要图纸。该图可将设计者的设计思想、建成后的效果一目了然地表现出来。图纸内容应选择设计的重点空间及部位，图纸的数量应视设计内容和重点空间的数量多少而定，图纸的版面可在2号图至0号图之间考虑选择。

文本是在讲标时供每位专家、建设方参考的设计文本。设计者可以将设计说明、平面方案、效果图、重要节点等一系列设计内容，用一册文本的形式表现出来，文本的版面一般选用3号图标准。

电子文件是在讲标时利用投影等多媒体设备进行方案介绍的重要手段。设计者可以将所有的设计内容用电子文件的形式在交流时进行播放，现代化的电子设备总能起到事半功倍的效果。电子文件的内容可以是效果图等文本内容，也可以是设计后的空间浏览动画。

模型是一种最直接的对设计内容进行交流的工具。专家与建设方可以通过按比例缩小的真实场景感受建成后的整体设计效果，为设计成果的表达与交流创造了直观可感的场景。

二、最后成果

在设计方案中标后，还有一系列的设计工作在等待完成。首先是要修改图纸，将不够恰当的设计细节按专家的意见和要求逐一完善，在与各专业协调交流后，就要进入勾画室内装饰设计施工图的工作中去。

（一）施工设计阶段成果

室内装饰施工图一般包括图纸目录、设计说明、平面布置图、顶棚图、各个立面图、有关节点大样细部设计图等主要方面内容。室内装饰设计的制图标准一般遵循建筑制图的标准，施工图的尺寸应遵循以现场实测为准的原则，建筑设计方所提供的施工图纸仅供参考；施工图的材料标注以细化为原则，标注材料范围不宜太广，标注内容越细越好。

（二）施工监理阶段成果

在装饰工程施工的全过程中，设计人员要配合工程施工做好对施工项目开展监理工作。现场处理完善施工图中未交代的构造做法，处理与各专业之间未预见的设计冲突等问题，并将改动设计的地方画出变更图，在施工结束以后完成竣工图，以及将最终的施工图纸绘制出来，并交有关各方加以保存。

第四节　人的需要理论

"需要"，是心理学的一个概念，它与"动机"紧密联系着，没有"需要"也就没有"动机"。心理学家已初步探明，人类行为一切动力都起源于需要，这个系统存在于人性的本质之中，它是全人类都需要和渴望的，也是不可能少的。需要是人动力的源泉，能经常起到促进作用的内驱力是满足基本的需要。所以要了解人类行为的动力必须从了解需要入手。

一、需要的含义

什么是需要呢？对此心理学家们有许多不同的观点。目前比较公认的观点是：需要是有机体感到某种缺乏而力求获得满足的心理倾向，它是有机体自身和外部生活条件的要求在头脑中的反映。

二、需要的特征

人作为生物体和社会成员，在社会生活中就不得不完成两大任务：一是要生存，二是要发展。要生存既包括个体的生存又包括种族的延续。个体的生存要有必需的物质条件，如空气、阳光、食物、水等基本物质需要，而种族的延续则还要具备性与婚配这些条件。要发展，人就需要求知、劳动、交往、建立社会组织关系等等。总之，需要是有机体自身和社会生活条件的要求在人脑中的反映，这些要求是以对缺乏的感受所体现出来的主观反映。例如，血液中血糖成分下降就会引发进食的需要，生命财产得不到保障就会产生寻求安全的需要，孤独会产生渴望交往的需要。一旦机体内部的某种缺乏或不平衡状态消除了，此时需要也就得到了满足，那么有机体又会产生某种新的不平衡状态，因而产生新的需要。与人类认识的多样性、复杂性一样，人的需要也是多样而复杂的。但无论多么复杂的需要一般都具有如下几个特征。

（一）对象性

需要总是指向一定对象的，因为有机体的某种"缺乏"总是特定对象的缺乏。这些特定对象或是物质的或是精神的，因此，也只有某种对象才能使其获得满足，比如在饥饿时就会把"食物"作为对象而不会把"书本"作为对象，感到知识缺乏时通常会把"书本"作为对象而不会把"食物"作为对象。当然这里的对象并不专指某一特定的事物，而是指能够满足该种需要的一个类。比如人饥饿时，既可以指向米饭，也可以指向水饺。这要视具体的爱好和可能满足需要的环境条件而定。

（二）动力性

需要是人从事各种活动的基本动力，是人的一切积极性的源泉。人的各种活动，从饮食、学习、工作，到发明创造，都是由于需要的推动。为什么会产生这种动力性呢？因为人生在世要生存和发展就必须与环境保持平衡，一旦环境发生变化，机体就可能产生缺乏感。这种缺乏感就会促使人调动机体的力量去达到新的平衡，因而产生动力性。所以，这种缺乏感越大，人的动力则越强。这里有必要指出的是，缺乏感是指对缺乏的主观体验与感受，不完全等于实际的缺乏。如果一个人机体内部出现了某种缺乏，但自己并没有主观体验到，也就不会产生动力。比如，一个中学生不吸烟时，他并不感到缺乏，但发现周围有朋友开始吸烟时，他似乎感到自己在他们中缺少共同的语言和爱好，于是为了达到朋友之间的和谐一致，他就产生了吸烟的需要，日积月累恶习便形成了。

（三）社会性

人与动物都有需要，但人满足需要的对象和方式与动物有很大不同。人类满足需要的范围或内容要比动物广得多，特别是那些高层次的需要，如求知需要、审美需要等，都是动物不可能具有的。因为动物只能直接从自然界获取物质满足，而人则可以通过有组织的生产劳动，通过创造和使用工具，以文明的方式来满足需要。同时人的需要还受理性和意志的调节和控制，而动物则无法做到这一点。

第五节　室内装饰设计与人的发展结合的基本原则

　　室内装饰设计作为土建工程的继续，在现代社会越来越受到人们的重视，也为社会的发展作出了巨大的贡献。建筑装饰设计人员在设计中不但要考虑每一个设计环节都是为了美化所建筑的空间，是对业主的负责，也是对自身能力的一种挑战，还要认识到每一个设计都是在为他人服务。因此，在建筑装饰设计中，在考虑建筑美学法则和使用功能设计的同时，还要考虑一些更深层次的内容，如满足人的心理需要等问题。

一、以人为本的原则

（一）深刻理解以人为本的内涵

　　现代室内设计，从创造满足现代生活功能、符合时代精神的要求出发，强调以满足人和人际活动的需要为核心。"为人民服务"，这正是室内设计社会功能的基石。室内设计的目的是通过创造舒适的室内空间环境来为人服务，设计者始终需要把人对室内环境的要求，包括物质使用和精神期待两方面，放在设计的首位。由于设计的过程中矛盾错综复杂，问题千头万绪，所以设计者需要清醒地认识到以人为本，为人服务的设计宗旨，以及为确保人们的安全和身心健康，为满足人和人际活动的需要作为设计的核心。为人服务这一平凡的真理，在设计时往往会有意无意地因同时从事多项局部因素的考虑而被忽视。针对不同的人，不同的使用对象，相应地应该考虑有不同的要求。例如：幼儿园室内的窗台，考虑到适应幼儿的尺度，窗台高度常由通常的900～1000 cm降至450～550 cm，楼梯踏步的高度也在12 cm左右，并设置适应儿童和成人尺度的二档扶手。一些公共建筑顾及残疾人的通行和活动，在室内外高差、垂直交通、厕所盥洗等许多方面应作无障碍设计（图2-4）。近年来地下空间的疏散设计，如上海的地铁车站，考

图2-4　无障碍通道

虑到老年人和活动反应较迟缓的人们的安全疏散时间的计算公式中，引入了为这些人安全疏散多留的疏散时间余地。上面的三个例子，着重是从儿童、老年人、残疾人等人们的行为生理的特点来考虑。在室内空间的组织、色彩和照明的选用方面，以及对相应使用性质——室内环境氛围的烘托等方面，更需要研究人们的行为心理、视觉感受方面的要求。例如：教堂高耸的室内空间具有神秘感，会议厅规整的室内空间具有庄严感，而娱乐场所绚丽的色彩和缤纷闪烁的照明给人以兴奋、愉悦的心理感受。21世纪是一个艺术生活的时代，人们的消费行为亦逐步趋向个性化，大多数人都希望拥有一间能够真正体现"个性空间"的居室。然而，如何能在千篇一律，强调规整性的商品住宅的基础条件下，构思出一幅体现个性，又最合理、最漂亮的设计图，是对每个设计师最大的考验。

（二）加深对客户要求的了解程度

例如居室主人需要哪几个不同的使用空间，需要哪些空间具备特别的使用功能，哪种功能需要特别强调，哪种又需要稍加淡化，哪种功能可能随时间的推移会发生变化而需留"空白"……还有他们的个人喜好、生活习惯。总之，设计师对居室主人了解有多少，他们之间能达成的一致意见就有多少。设计师要使每一个设计构思与功能有机结合，要做到个性与共性的完美统一，创造一个适合客户的有个性、有品位的家居。总之，设计时以人为本至关重要。

1.对环境背景的分析

（1）了解地理环境。

地理环境一般包括地理位置、地形地貌特征、气候特点等。这些都是影响人生存状态的外在因素，可反映出人们与自然的基本关系。

（2）了解文化特征。

地域文化是由在一定地域上生活的人们在生产生活中积淀起来的，具有原发性和持续性，已深深地融入人们的精神生活当中。

（3）了解当地的经济与物质资源环境。

经济与物质资源环境包括两个方面：一方面是指在装饰工程中能组织到的可供选用的装饰材料和当地的物质生产水平；另一方面是指当地盛产的特有的可作为装修使用的"绿色"环保型材料以及当地民

间艺人创造的可作为装饰用途的民间工艺品资源，是工程项目所依托的物质基础。

2.加强与委托人的交流

设计师的服务对象首先是项目委托人，通常也称为业主。通过与业主的广泛交流，了解业主对室内环境的总体设想，明确设计任务和设计要求，是设计师必须准备的前期工作。

（1）了解项目的类型，明确设计的任务目标。

通过与业主的沟通，设计师首先要了解的内容有：工程项目的类型，项目的规模与投资经费，业主对项目设计期望达到的目标，设计内容的范围以及设计工作进度要求，应提供的图纸类型等。

（2）了解项目的功能性质、经营内容、经营方式。

在公共建筑的室内环境中，不同的功能性质决定了不同的经营内容，而不同的经营内容则决定了业主不同的经营方式，同时也决定了室内空间环境类型的差异。设计师应该了解为满足什么样的功能而需要设计出什么样的室内空间。

（3）了解业主对项目的经营定位和管理模式。

任何一个经营者不论是从经营方面还是在行业形象方面都希望有自己独特的定位，独特而富有个性的经营定位是创造独特室内环境的依据。另外，不同的业主在经营活动中都有自己独到的管理模式，而有效的管理模式除了靠人自身的行为以外，还必须通过一定的硬件环境才能使人的管理行为得到实现。设计师应该站在经营管理者的角度分析管理过程中人的多种行为，以便通过设计来优化环境，满足业主管理行为的要求。

二、环境整体化的原则

现代室内装饰设计的立意、构思，室内风格和环境氛围的创造，需要着眼于对环境整面的考虑。现代室内装饰设计，从整体观念上来理解，应该看成是环境设计系列中的"链中一环"。

室内设计的"里"，和室外环境的"外"，可以说是一对相辅相成辩证统一的矛盾，正是为了更深入地做好室内设计，就愈加需要对环境整体有足够的了解和分析，着手于室内，但着眼于"室外"。当前室内设计的弊病之一是相互雷同，很少有创新和个性，对环境整体缺乏必要的了解和研究。

香港室内设计师D.凯勒先生在浙江东阳的一次学术活动中，曾认为旅游旅馆室内设计的最主要的一点，应该是让旅客在室内很容易联想到自己是在什么地方。明斯克建筑师E.巴诺玛列娃也曾提到"室内设计是一项系统，它与下列因素有关，即整体功能特点、自然气候条件、城市建设状况和所在位置，以及地区文化传统和工程建造方式等等"。环境整体意识薄弱，就容易就事论事，"关起门来做设计"，使创作的室内设计缺乏深度，没有内涵。当然，使用性质不同，功能特点各异的设计任务，相应地对环境系列中各项内容联系的紧密程度也有所不同。但是，从人们对室内环境的物质和精神两方面的综合感受来说，仍然应该强调对环境整体充分重视。

三、科学性与艺术性相结合的原则

现代室内设计的又一个基本观点，是在创造室内环境中高度重视科学性，高度重视艺术性，及其相互的结合。从建筑和室内发展的历史来看，具有创新精神的新的风格的兴起，总是和社会生产力的发展相适应。社会生活和科学技术的进步，人们价值观和审美观的改变，促使室内设计必须充分重视并积极运用当代科学技术的成果，包括新型的材料、结构构成和施工工艺，以及为创造良好声、光、热环境的设施设备。现代室内设计的科学性，除了在设计观念上需要进一步确立以外，在设计方法和表现手段等方面，也日益予以重视，设计者已开始认真地以科学的方法，分析和确定室内物理环境和心理环境的优劣，并已运用电子计算机技术辅助设计和绘图。贝聿铭先生早在20世纪80年代来沪讲学时所展示的华盛顿艺术馆东馆室内透视的比较方案，就是以电子计算机绘制的，这些精确绘制的非直角的形体和空间关系，极为细致真实地表达了室内空间的视觉形象。

一方面需要充分重视科学性，另一方面又需要充分重视艺术性，在重视物质技术手段的同时，高度重视建筑美学原理，重视创造具有表现力和感染力的室内空间和形象，创造具有视觉愉悦感和文化内涵的室内环境，使生活在现代社会高科技、高节奏中的人们，在心理上、精神上得到平衡，即现代建筑和室内设计中的高科技和高感情问题。总之，是科学性与艺术性、生理要求与心理要求、物质因素与精神因素的平衡和综合。

四、可持续发展的原则

20世纪70年代开始，人们开始面对经济发展与环境保护的两难选择。"可持续发展"一词最早是在80年代中期欧洲的一些发达国家提出来的。1980年，世界自然保护联盟（IUCN）在《世界保护策略》中首次使用了"可持续发展"的概念。1989年5月联合国环境署发表了《关于可持续发展的声明》，提出"可持续发展系指满足当前需要而不削弱子孙后代满足其需要之能力的发展"。1992年在巴西的联合国环境与发展会议（WCED）报告《我们共同的未来》中，向全世界正式提出了可持续发展战略，并通过了纲领性文件，得到了国际社会的广泛接受和认可。1993年联合国教科文组织和国际建筑师协会共同召开了"为可持续的未来进行设计"的世界大会，其主题为各类人为活动应重视有利于今后在生态、环境、能源、土地利用等方面的可持续发展，联系到现代室内环境的设计和创造，设计者必须不是急功近利、只顾眼前，而要确立节能、充分节约与利用室内空间、力求运用无污染的"绿色装饰材料"以及创造人与环境、人工环境与自然环境相协调的观点。动态和可持续的发展观，即要求室内设计者既考虑发展有更新可变的一面，又考虑到发展在能源、环境、土地、生态等方面的可持续性。

（一）中国建筑可持续发展现状

我国在1994年制定了《中国21世纪议程》，提出促进经济、社会、资源、环境及人口、教育相互协调、可持续发展的总体战略和政策、措施。《中国21世纪议程》成为指导我国各行各业制定发展计划的纲领性文件。

在中国建筑界，1997年清华大学吴良镛院士在《建筑学报》上发表的《关于建筑学未来的几点思考》一文是一篇具有指导意义的文件。他以敏锐的洞察力回顾了20世纪建筑学的历程，并以高瞻远瞩的战略眼光指明中国建筑的方向。东南大学鲍家声教授在发表的《可持续发展与建筑的未来》一文中，就可持续发展建筑的内涵和方法论提出"五个走向"，即走向尊重自然的建筑，走向开放的建筑，走向集约化设计，走向跨学科的设计和走向实践。国家自然科学基金委员会已连续召开了四次有关"人类聚居环境"的青年学者研讨会，在国内引起较大反响。一批中青年学者在各自研究的基础上，也陆续发表了一批高质量论文，为中国建筑的发展提供了宝贵的理论基础。

现在，在我国全面实施可持续发展战略的形势下，建筑界开展了"绿色建筑体系"的研究，这种体系就是在可持续发展理论的指导下，集中解决环境与发展两大主题的有限体系。建立绿色建筑体系的目标，就是树立生态文明观，以自然界为人类生存与发展的物质基础；以人与自然的共生，人工环境与自然环境的共生重构人类住区体系；并以生态伦理重塑建筑师的职业道德。一般而言，绿色建筑也可称之为生态可持续性建筑，即在不损害基本生态环境的前提下，使建筑空间环境得以长时间满足人类健康地从事社会和经济活动的需要。

（二）现代建筑运动中有关"绿色建筑"的活动

在20世纪现代建筑的发展过程中，一些建筑师已经开始探索和创作了许多具有地域文化特征，与自然关系融洽的优秀作品，为建筑走向"绿色"，走向"可持续发展"提供了宝贵的经验，为建立绿色建筑体系奠定了坚实的基础。

1.节能节地建筑

节能节地建筑设计思想的出发点是力争节约能量和物质资源（图2-5），实现一定程度的物质材料的循环。如循环利用生活废弃物质，采用"适当技术"，如太阳能技术和沼气。发展节能节地建筑预示着人类将不断利用新的技术手段，充分开发和利用洁净、安全、永存的太阳能及其他新能源，取代终将枯竭的常规能源，并以美观的形象、适当的密度、地上地下和海上陆地相结合的建筑群为人们创造一个舒适的生活空间和生存环境。

2.生土建筑（掩土建筑、覆土建筑）

生土建筑的特点是利用覆土来改善建筑的热工性能（图2-6），以达到节约能源的目的。生土建筑具有诸多优点，如：节能节地、防震防尘、防风防暴、防噪声、可减轻或防止放射性污染及大气污染的侵害，洁净、安全，并在环境上有利于保持生态平衡及保存原有自然风景。

3.生物建筑

生物建筑是指从整体的角度看待人与建筑的关系，进而研究建筑学的问题，将建筑视为活的有机体（图2-7）[1]。生物建筑的特点归结起来，表现为以下三点：第一，重新审视和评价了许多传统、自然材料和营建方法，采取自然的而不是借助机械设备的采暖和通风技术，并逐渐得到了广泛的应用；第二，建筑的总体布局和室内设计多体现出人类与自然的关系发展，通过平衡、和谐的设计，提倡一种温和的建筑艺术；第三，生物建筑使用科学的方法来确定材料的使用，认为建筑的环境影响及健康程度主要取决于人们的生活态度和方式，而不是单纯的建筑技术问题。

图2-5　上海世博会中国馆

图2-6　创造性的生土建筑艺术
杰作——福建土楼

图2-7　奥地利格拉茨现代美术馆

4.自维持建筑

自维持建筑是除了接受邻近自然环境的输入以外，完全独立维持其

图2-8　上海世博英国馆实景图

运作的建筑（图2-8）[1]。它的特点是：住宅并不与煤气、上下水、电力等市政管网相连接，而是利用太阳、风和雨水等自然条件维护自身的运作，处置各种随之产生的废物，甚至食物也可以自给。如果用生态系统观点进行解释，自维持住宅的设计

1　奥地利格拉茨现代美术馆——穆尔河畔的现代美术馆，为英国建筑师彼得库克（peter cook）的作品，以蓝色的塑料玻璃拼贴而成，当地人亲切地称之为"友善的外星人"（a friendly alien），格拉茨现代美术馆是彼得库克"生物存在式建筑"理念的体现和诠释，与周围传统建筑的视觉反差和突兀也使该馆被形容为"城市怪兽""外星人入侵"，而不规则的前卫造型又被人们称为是"有鳃的巨兽""巨型膀胱""毛毛虫"等。格拉茨现代美术馆地面展览厅共三层，主要展览空间在屋顶层，整个大厅为无柱型设计；大厅需要的自然光由屋顶探出的15根nozzles管口提供。大厅中有一个移动式斜坡道，参观者可以缓缓地被吸到"belly"即"胃"部分的展厅，营造一种被艺术吞没的剧院效果，十分新颖独特。

就是力图将住宅构建成一种独立的类似封闭的生态系统，维持自身的能量和物质材料的单循环。

5.结合气候的建筑

这种建筑理论提出了设计能够适应各种气候建筑的必要性的问题。从建筑影响微气候的七个方面阐述了对传统建筑的评价，它们是：建筑的形态，建筑的定位，空间的设计，建筑的材料，建筑外表面材料机理，材料的颜色以及开放空间的设计。

6.新陈代谢建筑

新陈代谢建筑强调复苏现代建筑中被丢失或被忽略的一些要素，如历史传统，地方风格，提倡过去、现在的建筑，不同文化的建筑的共生等。新陈代谢建筑积极地接受、吸引和保留现代建筑中有价值的成就，并在试图表现时代文化和识别性的同时也积极采用现代技术和材料。

7.少费多用建筑

少费多用建筑表达的意思是使用较少的物质和能量创造更加出色的建筑作品。该设计具有这样的特点：可大量建造，且费用低廉；由住宅工厂预制，能量自给自足，并可以灵活迁移；统一装配，符合模数；住宅有自洁功能，居住舒适。

8.高技术建筑

在这里所说的高技术建筑可以说是一种智能建筑，它的特点是利用计算机和信息技术等高科技的发展，使固定的建筑外围护结构成为可以跟随气候自我调整的围合结构，成为建筑的皮肤，可以进行自由呼吸，控制建筑系统与外界生态系统、环境能量和物质的交换，增强建筑适应可持续发展变化的外部生态系统环境的能力，并达到节能的目的。

（三）绿色建筑技术

绿色建筑技术的发展主要表现在两个方面。一方面是技术学的研究，它涉及建筑学及相关学科的许多基础理论，如生态系统循环理论，主要包括：不同的物种循环规律，能量流动转化规律，气候

1　英国馆最终确定设计方案为"创意之馆"（a Pavilion of Ideas）。创意展馆是一个独特的展示装置。它安置在一个乡村田间，上面是森林遮盖，两侧是草地形成的斜坡，观众席、展览区、商店以及接待区均坐落其中。展馆主体为六层建筑，由约6万根纤细的透明亚克力"触须"组成，向外伸展，随风摇曳。白天的时候，每根长达7.5 m的触须都会像光纤那样传导传光线来提供内部照明，从而营造出敞亮肃穆的空间感。到了晚上，"触须"内含的光源会使整个展馆散发出璀璨迷人的光影。

变异规律，建筑物与外部环境热湿交换规律等。另一方面是人文社会科学的发展，人们通过对环境和人类自身的再次认识，终于选择了可持续发展的道路。这两方面共同的变化和进展，促进了绿色建筑技术的发展。

1.原生自然能源的利用

这里的技术主要包括：首先发展太阳能在建筑上的应用，如采暖、降温、干燥等；其次是将太阳能、风能转化为电能，这两种能源都是洁净能源，发展前景十分光明；再次是利用地热资源，这在北欧国家已经开始普遍应用。

2.建筑节能技术

建筑耗能包括生产、运输、使用的整个过程中建筑的能源消耗。在改善建筑物的隔热保温性能的具体措施中，主要采用的办法有：墙体的节能技术，门窗节能技术，屋顶的节能技术等。

3.新型材料

地球上的资源有限，绿色建材就是要利用那些可再生的资源作为原料供给。新开发的绿色建材不但要利用那些可再生的资源作为原料供给，而且对那些传统的建筑材料还有一定的节约功效,如高强度混凝土材料、高强合金钢、高强预应力钢筋、铝合金材料、高强度玻璃等。

（四）绿色建筑装饰设计技术的发展

众所周知，建筑业是一个耗能大户。据统计在全球能量中近一半消耗于建筑的建造与使用过程，与建筑业有关的环境污染占了全部污染的三成，包括空气污染、垃圾污染、光污染、噪声污染等。所以建筑业的可持续发展显得尤为重要，从可持续发展的概念中，可以将可持续发展的观念理解为：从建筑的选址到设计建造，以及使用的全过程中，既要考虑到近期的相应利益，也要考虑到远期发展的利益，既要达到发展经济的目的，又要把因此产生的环境污染等一系列后果控制在最小的范围之内。在绿色建筑设计问题上每个人都有自身的价值和责任。作为建筑装饰设计者，在完成设计任务的同时，还要多加考虑绿色建筑装饰设计、绿色建筑装饰技术等问题。

1.绿色建筑装饰设计

室内建筑装饰设计是建筑设计的继续，所以其设计思路应该是建筑设计的发展与深化。在考虑室内设计时，应注意人的生理和心理两方面的要求研究，创建健康、舒适的室内环境。① 在建筑装饰材料的使用方面，应使用对人体无害的建筑装饰材料。② 有效控制各种污染。对危害人体的有害辐射、电磁波及气体进行有效控制。③ 采用自然通风。充足的通风、换气有助于空气的除菌、除尘及除异处理。④ 符合人体工学的设计，能够使使用者在室内空间中活动方便，生活舒适，精神愉快。⑤ 环境温度、湿度的控制。使室内温度、湿度能够达到人体所需的最佳状态。⑥ 优良的光线及声环境。充分利用直接采光，享受太阳光对人体的自然沐浴，考虑周围的噪声污染及可能对其他用户产生的影响。⑦ 对自然景观的享用。室内外空间的过渡要自然顺畅，使人们尽可能多地饱览周围的自然美景。⑧ 注意历史文脉的连续性。在设计时尊重地方文化的差异，继承和发展地方传统工艺和材料及生产技术。

2.绿色建筑装饰技术

绿色建筑装饰技术不是独立于传统建筑装饰技术之外的全新技术，而是传统建筑装饰技术和新的相关学科的交叉与组合而产生的符合可持续发展战略的新型建筑装饰技术。绿色建筑装饰技术应以绿色建筑技术为依托，涉及建筑学及相关多种学科，作为一个发展迅速的应用技术体系，许多方面尚未被人们所认知，正如人们对绿色建筑技术的认识还非常肤浅一样，绿色建筑装饰技术的许多领域还需要人们进一步去探索挖掘和实践。

可持续场地：可持续场地评价里面包括有建筑过程中水土保持与地表沉积控制，保持和恢复公共绿地，减少室外光污染，合理的租户设计和施工指南。

建筑节水：LEED-CS在建筑节水这一部分，将节水分为 "景观用水量降低，利用先进的科学技术节约用水，减少一般性日常用水" 三个得分项。可采用雨水回收技术、中水回用技术等。

能源利用与大气保护：首先建筑过程中必须达到最低耗能标准，在ASHRAE STANDARD中对建筑过程中最低能耗量有比较明确的解释，LEED也是参照这个能耗标准确定在能耗上是否达到LEED所要求的能源消耗标准。主要采用的技术措施有不使用含氟利昂的制冷剂，双层Low-e玻璃，优化保温和遮阳系统，被动设计，安装分户计量系统，选用节能空调，安装太阳能、风能等可再生能源系统等。

材料与资源：针对建筑材料浪费这一实际情况，LEED认证过程中，开创性地加了材料与资源利用这一项得分点。此得分点旨在推广建造过程中合理利用资源，尽量使用可循环材质，并以加分的形式体现在LEED认证过程中。在材料与资源评估中主要参考了可回收物品的储存和收集，施工废弃物的管理，资源再利用，循环利用成分，本地材料使用率等五条。

室内环境质量：室内环境空气质量监控，主要是对建成后的建筑物，室内环境品质进行监测。在这一项实施过程中，以下几项被考虑了进来，它们分别是：最低室内环境品质要求，吸烟环境控制，新风监控，加强通风，施工室内空气环境品质管理，低挥发性材料的使用，室内化学物质的使用和控制，系统的可控性，热舒适性和自然采光与视野分布，采用的技术措施有安装新风监控系统，在危险气体或化学制品储存和使用区域采用独立排风系统。

创新及设计流程：设计创新是指如在楼宇设计过程中，添加了合理的、具有开创性的、对节能环保有很大益处的设计理念，可获得额外的创新得分。而这些理念在某种程度上高于LEED认证的标准。

第三章 室内装饰设计的界面处理与感觉理论

第一节 室内装饰设计的界面处理

居室的内部空间是由界面围合而成的，位于空间顶部的平顶和吊顶等称为顶界面，位于空间下部的楼地面等称为底界面，位于空间四周的墙、隔断与柱廊等称为侧界面。建筑中的楼梯、围栏等是一些相对独立的部分，常常称为部件。

一、界面处理的设计原则

界面的装饰设计，可以概括为两大内容，即造型设计和构造设计。造型设计涉及形状、尺度、色彩、图案与质地，基本要求是切合空间的功能与性质，符合并体现环境设计的总体思路。构造设计涉及材料、连接方式和施工工艺，要求安全、坚固、经济合理，符合技术经济方面的要求。归纳起来，要遵循以下几条基本原则。

（一）安全可靠，坚固适用

界面与部件大都直接暴露在大气中，或多或少地受到物理、化学、机械等因素的影响，有可能因此而减弱自身的坚固性与耐久性，如钢铁会因氧化而锈蚀；竹、木会因受潮而腐烂；砖、石会因碰撞而缺棱掉角等。为此，在装饰过程中常采用涂刷、裱糊、覆盖等方法加以保护。界面与部件是空间的"壳体"或"骨架"，具有防火、防震、防酸、防碱以及吸声、隔声、隔热等功能。其质量不仅直接关系到空间的使用效果，甚至关系到人民的财产与生命安全，因此在装饰设计中一定要认真对待安全可靠、坚固适用这一问题。

（二）造型美观，具有特色

首先，要充分利用界面与部件的设计强化空间氛围（图3-1）。要通过其自身的形状、图案、质地和尺度，让空间显得或光洁或粗糙，或凉爽或温暖，或华丽或朴实，或空透或闭塞，从而使空间环境能体现其应有的功能与性质。其次，要利用界面与部件的设计反映环境的民族性、地域性和时代性。如用砖、卵石、毛石等使空间富有乡土的地域气息；用竹、藤、麻、皮革等使空间更具田园趣味；用不锈

图 3-1 界面与部件的设计强化空间氛围

钢材料、镜面玻璃、磨光石材等使空间更具时代感。再次，要利用界面和部件的设计改善空间感。建筑设计中已经确定的空间可能存在缺陷，通过界面和部件的装饰设计可以在一定程度上弥补这些缺陷。如强化界面的水平划分可以使空间更舒展；强化界面的垂直划分可以减弱空间的压抑感；使用粗糙的材料和不拘一格的大花图案，可以增加空间的亲切感；使用光洁材料和细致的小花图案，可以使空间显得开阔，从而减弱居住者在空间内的狭窄感、压抑感；用镜面玻璃或不锈钢装饰粗壮的梁柱，可以在视觉上使梁柱"消肿"，使空间不显得拥塞；用冷暖不同色系的颜色可以使空间显得宽敞或紧凑，等等。但需要注意的是，必须要精工细作，充分保证工艺的质量。室内界面和部件大都在人们的视野范围之内，属于人们近距离观看的对象，一定要该平则平，该直则直，给人以美感。要特别注意拼缝和收口，做到均匀、整齐、利落，从而充分反映材料的特性、技术的魅力和施工的精良。在界面和部件上往往有很多附属设施，如通风口、烟感器、自动喷淋、扬声器、投影机、银幕和白板等，这些设施往往由其他工种设计，如果处理不得当会直接影响使用功能与美感。为此，室内设计师一定要与其他工种密切配合，让各种设施相互协调，保证整体上的和谐与美观。

（三）色彩适宜，搭配合理

充分利用色彩的效果。虽然形状是物质的基础，色彩是从属于形式和材料的，各人对形状和色彩的反应也并不完全一样，但是，色彩对视觉却有着强烈的感染力，对所附着的事物有着较强的表现力。色彩效应包括生理、心理和物理三方面的效应，所以说，色彩是一种效果显著、工艺简单和成本经济的装饰手段。确定室内环境的基调，创造室内的典雅气氛，主要靠色彩的表现力。一般来说，室内色彩应以低纯度为主，局部地方可作高纯度处理，家具及陈设品可作对比色处理，才能达到低纯度中透出鲜艳、典雅中蕴含丰富、协调中又不失对比的效果。

（四）气氛协调，避免突出

首先，注意统一。同一空间内的各界面处理必须在同种风格的统一指导下来进行，这是室内空间界面装饰设计中的一个最基本的原则。其次，注意协调。不同使用功能的空间，具有不同的空间性格和不同的环境气氛要求。在室内空间界面装饰设计中，应在前期准备中对使用空间的气氛进行充分的了解，以便进行合理的处理。如居室要求富于生活情趣并且具有安静的室内空间环境；而宾馆则要求富丽豪华，色彩丰富，空间尺度较大且富有变化，既要符合旅客休息、活动的要求，同时又要满足旅客的交往要求。其三，避免过分突出。切忌过分突出，这是因为室内空间界面始终只是室内环境的背景，对室内空间家具和陈设起烘托、陪衬的作用，所以必须坚持以简洁明快，素净淡雅为主。对于需要营造特殊气氛的空间，如舞厅、咖啡厅等，有时也对室内空间界面作重点装饰处理，以加强表现效果。

（五）选材合理，造价适宜

选用什么材料，不但关系到功能、造型和造价等物质方面的问题，而且关系人们的生活与健康问题。首先，要充分了解材料的物理特性和化学特性，切实选用无毒、无害、无污染的材料。其次，要采用合理的方式表现材料的软硬、冷暖、明暗、粗细等特征，一方面切合环境的功能要求，一方面借以体现材料自身的表现力。要摒弃"只有使用名贵材料才能取得良好效果"的陈腐观点，努力做到普材巧用、优材精用、合理搭配，要注意选用竹、木、藤、毛石、卵石等地方性材料，达到降低造价、凸显个性的目的。最后，要处理好装饰的一次性投资和日常维修费用的关系，综合考虑经济技术上的合理性。

（六）优化方案，方便施工

针对同一界面和部件，可以拿出多个装修方案。要从功能、经济、技术等方面进行综合比较，从中选出最为理想的方案。不仅要考虑到工期的长短，尽可能使工程早日交付使用，还要考虑施工的简便程度，尽量缩短工期，保证施工的质量。

二、室内界面的装饰设计

界面的装饰设计是影响空间造型和风格特点的重要因素，一定要结合空间特点，从环境的整体要求出发，创造美观耐看、气氛宜人、富有特色的内部环境。

（一）顶界面的装饰设计

顶界面即空间的顶部。在楼板下面直接用喷、涂等方法进行装饰的称平顶；在楼板之下另作吊顶的称吊顶或顶棚。平顶和吊顶又统称天花。顶界面是三种界面中面积较大的界面，且一般情况下都几乎毫无遮挡地暴露在人们的视线之内，故能极大地影响环境的使用功能与视觉效果，因此作为设计者必须从环境性质出发，综合各种要求，强化空间特色。

图3-2 音乐厅

顶界面设计首先要考虑空间功能的要求，特别是照明和声学方面的要求，这在剧场、电影院、音乐厅、美术院、博物馆等建筑中是十分重要的。拿音乐厅等观演建筑（图3-2）来说，顶界面要充分满足声学方面的要求，保证所有座位都有良好的音质和足够的强度，正因为如此，不少音乐厅都在屋盖上悬挂各式可以变换角度的反射板，或同时悬挂一些可以调节高度的扬声器。为了满足照明的要求，剧场、舞厅应有完善的专业照明设备，观众厅也应有豪华的顶饰和灯饰，以便观众在开演之前及幕间休息时欣赏，缓解眼部疲劳。电影院的顶界面可相对简洁，造型处理和照明灯具应将观众的注意力集中到电影银幕上。其次，要注意体现建筑技术与建筑艺术相统一的原则，顶界面的梁架不一定都用吊顶封起来，如果组织得好，并稍加修饰，不仅可以节省空间，节约投资，而且同样能够取得良好的艺术审美效果。此外，顶界面上的灯具、通风口、扬声器和自动喷淋等设施也应纳入设计的范围。要特别注意配置好灯具，因为它们既可以影响空间的体量感和比例关系，又能使空间产生或者豪华、或者朴实、或者平和、或者活跃的气氛。

1.顶棚的造型

顶界面的装饰设计首先涉及顶棚的造型。从建筑设计和装饰设计的角度看，顶棚的造型可分以下几大类。

（1）平面式。特点是表面平整，造型简洁，占用空间高度少，常用发光盒、发光顶棚等照明，适用于办公室和教室等公共建筑。

（2）折面式。表面有凸凹变化，可以与槽口照明相接合，能满足特殊的声学要求，多用于电影院、剧场及对声音有特殊要求的场所。

（3）曲面式。包括筒拱顶及穹隆顶，特点是空间高敞，跨度较大，多用于车站、机场等大型建筑的大厅等。

（4）网格式。包括混凝土楼板中由主次梁或井式梁构成的网格顶，也包括在装饰设计中另用木梁构成的网格顶。后者多见于中式建筑，主要意图是模仿中国传统建筑的天花。网格式天花造型丰富，可在网眼内绘制彩画，安装贴花玻璃、印花玻璃或磨砂玻璃等装饰物，也可在其上装灯；甚至在网眼内直接安装吸顶灯或吊灯，形成某种意境或比较华丽的氛围。

（5）分层式。也称叠落式，特点是整个天花有几个不同的层次，形成层层叠落的态势。可以中间高，周围向下叠落；也可以周围高，中间向下叠落。叠落的级数可为一级、二级或更多，高差处往往设槽口，并采用槽口照明的方式。

（6）悬吊式。就是在楼板或屋面板上垂吊织物、平板或其他装饰物。悬吊织物的，具有潇洒飘逸之感，可有多种颜色和质地，常用于商业场所或娱乐建筑；悬吊平板的，可形成不同的高度和角度，多用于具有较高声学要求的厅堂；悬吊旗帜、灯笼、风筝、飞鸟、蜻蜓、蝴蝶等的，可以增强空间的趣味性，多用于高敞的商业、娱乐或餐饮空间；悬吊木制或轻钢花格的，其体量轻盈，且可以大致遮蔽其上的各种管线，一般多用于超市。如在花格上悬挂葡萄、葫芦等装饰性植物，可以营造出田园氛围，多用于茶艺馆或花店等注重情调的建筑。

2.顶界面的构造

顶界面的构造方法极多，下面简要介绍一些常见的做法。

1）平顶

平顶多做在钢筋混凝土楼板之下，表层可以抹灰、喷涂、油漆或裱糊。完成这种平顶的基本步骤是：先用碱水清洗表面油腻，再刷素水泥砂浆，然后做中间抹灰层，表面按设计要求刷涂料、刷油漆或裱壁纸，最后做平顶与墙面相交的阴角和挂镜线。如用板材饰面，为不占较多的高度，可用射钉或膨胀螺栓将木搁栅直接固定在楼板的下表面，再将饰面板（胶合板、金属薄板或镜面玻璃等）用螺钉、木压条或金属压条固定在搁栅上。如果采用轻钢搁栅，也可将饰面板直接搁置在搁栅上。

2）吊顶

吊顶由吊筋、龙骨和面板三部分组成。吊筋通常由圆钢制作，直径不小于6 mm。龙骨可用木、钢或铝合金制作。木龙骨由主龙骨、次龙骨和横撑组成，其中，主龙骨的断面常为50 mm×70 mm，次龙骨和横撑的断面常为50 mm×50 mm。它们组成网格形平面，并且网格尺寸与面板尺寸相契合。为满足防火要求，木龙骨表面要涂防火漆。钢龙骨由薄壁镀锌钢带制成，有38、56、60三个系列，可分别用于不同的荷载。铝合金龙骨按轻型、中型、重型划分系列。

用于吊顶的板材有纸面石膏板、矿棉板、木夹板（应涂防火涂料）、铝合金板和塑料板等多种类型，有些时候，也使用木板、竹板和各式各样的玻璃。下面简介几种常见的吊顶。

轻质板吊顶。在工程实践中，大量使用着轻质装饰板。这类板包括石膏装饰板、珍珠岩装饰板、矿棉装饰板，钙塑泡沫装饰板、塑料装饰板和纸面稻草板。其形状有长、方两种，方形者边长300～600 mm，厚度为5～40 mm。轻质装饰板表面多有凹凸的花纹或构成图案的孔眼，因此，几乎都有一定的吸声性，故也可称为装饰吸声板。轻质装饰板的基层可为木搁栅或金属搁栅。

玻璃吊顶。镜面玻璃吊顶多用于空间较小、净高较低的场所，主要目的是增加空间的尺度感。镜面玻璃的外形多为长方形，边长500～1000 mm，厚度为5～6 mm，玻璃可以车边，也可不车边。镜面玻璃吊顶宜用木搁栅，底面要平整，其下还要先钉一层5～10 mm厚的木夹板。镜面玻璃借螺钉（镜面玻璃四角钻孔）、铝合金压条或角铝包边固定在夹板上。为体现某种特殊气氛，也可用印花玻璃、贴花玻璃作吊顶，它们常与灯光相配合，以取得蓝天白云、霞光满天等审美效果。

金属板吊顶。金属板包括不锈钢板、钢板网、金属微孔板、铝合金压型条板及铝合金压型薄板等。金属板具有重量轻、耐腐蚀和耐火等特点，带孔者还有一定的吸声性。可以压成各式凸凹纹，还可以处理成不同的颜色。金属板呈方形、长方形或条形，方形板多为500 mm×500 mm或600 mm×600 mm；长方形板短边一般为400～600 mm，长边一般不超过1200 mm；条形板宽100 mm或200 mm，长度2000 mm。

胶合板吊顶。胶合板吊顶的龙骨多为木龙骨，由于胶合板尺寸较大，容易裁割，故既可做成平滑式吊顶，又可做成分层式吊顶、折面式吊顶或轮廓为曲线的吊顶。胶合板的表面，可用涂料、油漆、壁纸等装饰，色彩、图案应以环境的总体要求为主要根据。

竹材吊顶。用竹材做吊顶，在传统民居中并不少见。在现代建筑中，多见于茶室、餐厅或其他借以强调地方特色和田园气息的场所。竹材面层常用半圆竹，为使表面美观耐看，可以排成席纹或更加别致的图形。这种吊顶多用木搁栅，其下要先钉一层五夹板，再将半圆竹用竹钉、铁钉或木压条固定在搁栅上。

花格吊顶。花格常用木材或金属构成，花格的形状可为方形、长方形、正六角形、长六角形、正八角形或长八角形，格长约150～500 mm。为取得较好的空间效果，空间较低时，宜用小花格，而当空间较高时，宜用大花格。它们用吊筋直接吊在楼板或屋架的下方，并可以将通风管道等遮蔽起来，楼板的下表面和管道多涂成深颜色。花格吊顶经济、简便，而且不失美观，常用于超市及展览馆。

玻璃顶。这里所说的玻璃顶主要是指单层建筑的玻璃顶和多层共享空间的玻璃顶。它们直接吸纳天然光线，可以使大厅具有通透明亮的视觉效果，美国华盛顿美术馆东馆大厅的玻璃顶就是一个很好的范例。

（二）侧界面的装饰设计

侧界面也称垂直界面，有开敞的和封闭的两大类。前者指立柱、幕墙、有大量门窗洞口的墙体和多种多样的隔断，以此围合的空间，常形成开敞式空间；后者主要指实墙，以此围合的空间，常形成封闭式空间。侧界面面积较大，距人较近，又常有壁画、雕刻、挂毡、挂画等壁饰，因此侧界面装饰设计除了要遵循界面设计的一般原则外，还应充分考虑侧界面的个性特点，在造型、选材等方面进行认真的推敲和比较，全面兼顾使用要求和艺术审美要求，充分体现设计的意图。

　　从使用上看，侧界面可能会有防潮、防火、隔声、吸声等要求，在使用人数较多的大空间内还要使侧界面下半部坚固耐碰，便于清洁，不易被人、车或家具弄脏或撞破。侧界面是家具、陈设和各种壁饰的背景，要注意发挥其衬托作用。如有大型壁画、浮雕或挂毡，室内设计师应注意其与侧界面的协调，保证总体格调的统一。同时，还应注意侧界面的空实程度。有时可能是完全封闭的，有时可能是半隔半透的，有时则可能是基本空透的。要注意空间之间的关系以及内部空间与外部空间的关系，做到该隔则隔，该透则透，尤其要注意吸纳室外的景色，做到"里应外合"。最后，还要充分利用材料的质感，通过质感营造空间氛围。

　　1.墙面装饰

　　墙面装饰的方法很多，大体上可以归纳为抹灰类、竹木类、石材类、裱糊类、软色类、板材类和贴面类、喷涂类等多种类型。

　　1）抹灰类墙面

　　以砂浆为主要材料的墙面，统称抹灰类墙面，按所用砂浆质量的不同又有普通抹灰和装饰抹灰之分。

　　普通抹灰由两层或三层构成。底层的作用是使砂浆与基层能够牢固地结合在一起，故要有较好的保水性，以防止砂浆中的水分被基底吸掉而影响黏结力。砖墙上的底层多为石灰砂浆，其内常掺一定数量的纸筋或麻刀，目的是防止开裂，并增强黏结力；混凝土墙上的底层多用水泥、白灰混合砂浆；在容易碰撞和经常受潮的地方，如厨房、浴室等，多使用水泥砂浆底层，配合比为1∶2.5，厚度为5～10 mm。中层的主要作用是找平，有时可省略不用，所用材料与底层相同，厚度为5～12 mm。面层的主要作用是增强平整美观性，常用材料有纸筋砂浆、水泥砂浆、混合砂浆和聚合砂浆等。

　　装饰抹灰的底层和中层与普通抹灰相同，而面层则由于使用特殊的胶凝材料或工艺，而具备多种颜色或纹理。装饰抹灰的胶凝材料主要有普通水泥、矿渣水泥、火山灰质水泥、白色水泥和彩色水泥等，有时还在其中掺入一些矿物颜料及石膏。其骨料则有大理石、花岗石碴及玻璃等。从工艺上看，常见的"拉毛"可算是装饰抹灰的一种，其基本做法是用水泥砂浆打底，用水泥石灰砂浆做面层，在面层将凝而未凝之前，用抹刀或其他工具将表面做成凸凹不平的样子。其中，用板刷拍打的，称大拉毛或小拉毛；用小竹扫洒浆扫毛的称洒毛或甩毛；用滚筒压的视套板花纹而定，表面常呈树皮状或条线状。拉毛墙面有利于声音的扩散，多用于影院、剧场等对于声学有较高要求的空间。传统的水磨石，也可视为装饰抹灰，但由于工期过长，又属湿作业，现已较少使用。

顺便提一下清水混凝土。混凝土墙在拆模后不再进行处理的，称清水混凝土墙面。但这里所说的混凝土并非普通混凝土，而是对骨料和模板另有技术要求的混凝土。首先，要精心设计模板的纹理和接缝。如果用木模，其木纹要清晰好看；如果要求显现特殊图案，则要用泡沫塑料或硬塑料压出图案做衬模。其次，要细心选用骨料，做好级配，要确保振捣密实，没有蜂窝、麻面等弊病。清水混凝土墙面，质感粗犷，质朴自然，用于较大空间时，可以给人以气势恢宏的感觉。值得提醒的是其表面容易积灰，故不宜用于卫生状况不良的环境。

2）竹木类墙面

竹子比树木生长快，三五年即可用于家具或建筑。用竹子装饰墙面，不仅经济实惠，而且往往还能使空间具有清新浓郁的乡土气。用竹装饰墙面，要对其进行必要的处理。为了防霉、防蛀，可用100份水、3.6份硼酸、2.4份硼砂配成溶液，在常温下将竹子浸泡48小时。为了防止开裂，还可将竹用明矾水或石碳酸溶液蒸煮。竹子的表面可以抛光，也可涂漆或喷漆。

用于装饰墙面的竹子应该均匀、挺直，直径小的可用整圆的，直径较大的可用半圆的，直径更大的也可剖成竹片用。竹墙面的基本做法是：先用方木构成框架，在框架上钉一层胶合板，再将整竹或半竹钉在框架上（图3-3）。

图3-3 竹木类墙面

木墙面是一种比较高级的界面。常见于客厅、会议室及对声学要求较高的场所。有些时候，可以只在墙裙的范围内使用木墙面，这种墙面也称护壁板。木墙面的基本做法是：在砖墙内预埋木砖，在木砖上面立墙筋，墙筋的断面为（20~45）mm×（40~50）mm，间距为400~600 mm，具体尺寸应与面板的规格相协调，横筋间距与立筋间距相同。为防止潮气使面板翘曲或腐烂，应在砖墙上做一层防潮砂浆，待其干燥后，再在其上刷一道冷底子油，铺一层油毛毡。当潮气很重时，还应在面板与墙体之间组织通风，即在墙筋上钻一些通气孔。当空间环境有一定防火要求时，墙筋和面板应涂防火漆。面板厚12~25 mm，常选硬木制成。断面有多种形式，拼缝也有透空、企口等许多种类。

3）石材类墙面

装饰墙面的石材有天然石材与人造石材两大类。前者指开采后加工成的块石与板材，后者是以天然石碴为骨料制成的块材与板材。用石材装饰墙面要精心选择石材的色彩、花纹、质地和图案，还要注意拼缝的形式以及与其他材料的搭配方式。

（1）天然大理石墙面。天然大理石是变质或沉积的碳酸盐类岩石，其特点是组织细密，颜色多样，纹理美观。与花岗石相比，大理石的耐风化性能和耐磨、耐腐蚀性能稍差，故很少用于室外和地面的装饰。

天然石板的标准厚度为20 mm，如今，12~15 mm的薄板逐渐增多，最薄的只有7 mm。我国常用石板的厚度为20~30 mm，每块面积约为0.25~0.5 m²。大理石墙面的一般做法是：在墙中甩出钢筋头，在墙面绑扎钢筋网，所用钢筋的直径一般为6~9 mm，上下间距与石板高度相同，左右间距为500~1000 mm。石板上部两端钻小孔，通过小孔用钢丝或铅丝将石板扎在钢筋网上。施工时，先用石膏将石板临时固定在设计位置，绑扎后，再往石板与墙面的空隙灌水泥砂浆。采用大理石墙面，必须使墙面平整，接缝准确，并要做好阳角与阴角。

用大理石板材做护墙板，做法相对简单。如果护墙板高度不超过3 m，可以采用直接粘贴的方法：基层为混凝土时，刷处理剂以代替凿毛，然后抹一层10 mm厚的1∶2.5水泥砂浆并划出纹道，再用建筑胶粘贴石板，最后用白水泥浆擦缝或直接留丝缝。当基底为砖墙时，可直接用18 mm厚，1∶2.5的水泥砂浆，其余做法与上述方法相同。直接粘贴的大理石板材，厚度最好薄些，常用厚度为6~12 mm。

如今随着幕墙技术的普及，很多室内设计也开始在室内采用干挂大理石和花岗石的做法。

（2）天然花岗石墙面。天然花岗石属岩浆岩，主要矿物成分是长石、石英及云母，因此，比大理石更坚硬，更耐磨、耐压、耐侵蚀。花岗石多用于外墙和地面，偶尔也用于墙面和柱面。其构造也与大理石墙面相似，但花岗石是一种高档的装修材料，花纹呈颗粒状，并有发光的云母微粒，磨光抛光后，宛如镜面，颇能显示豪华富丽的气派。

（3）人造石板墙面。人造石主要指预制水磨石以及人造大理石和人造花岗石。预制水磨石是以水泥（或其他胶结料）和石碴为原料制成的，常用厚度为15～30 mm，面积为0.25～0.5 m^2，最大规格可为1250 mm × 1200 mm。

人造大理石和人造花岗石以石粉及粒径为3 mm的石碴为骨料，以树脂为胶结剂，经搅拌、注模、真空振捣等工序之后一次成型，再经锯割、磨光而成材，花色和性能均可达到甚至优于天然石。

（4）天然毛石墙面。用天然块石装饰内墙者不多，因为块石体积厚重，施工也较麻烦。常见的毛石墙面，大都是用雕琢加工的石板贴砌的。雕琢加工的石板，厚度多在30 mm以上，可以加工出各种纹理，通常说的"文化石"即属这一类。毛石墙面质地粗犷、厚重，与其他相对细腻的材料相搭配，可以显示出强烈的反差，因而常能取得令人振奋的视觉效果。

（5）瓷砖类墙面。用于内墙的瓷砖有多种规格，多种颜色，多种图案。由于它吸水率小、表面光滑、易于清洗、耐酸耐碱，故多用于厨房、浴室、实验室等多水、多酸、多碱的建筑场所。近年来，瓷砖的种类越来越多，有些仿石瓷砖的色彩，纹理又接近天然大理石和花石岗，但价格却比天然大理石、花岗石低得多，故常被应用于中等档次的厅堂，以便既减少投资，又取得良好的艺术效果。在有特殊艺术要求的环境中，可用陶瓷制品做壁画。方法之一是用陶瓷锦砖（又称马赛克）拼贴；方法之二是在白色釉面砖上用颜料画上画稿，再经高温烧制；方法之三是用浮雕陶瓷板及平板组合镶嵌成壁雕。

4）裱糊类墙面

现在的裱墙纸图案繁多、色泽丰富，通过印花、压花、发泡等工艺可产生多种质感。用墙纸、锦缎等裱糊墙面可以取得良好的视觉效果，同时具有施工简便等优点。纸基塑料墙纸是一种应用较早的墙纸。它可以印花、压花，有一定的防潮性，并且价格低廉，但缺点是易撕裂，不耐水，清洗也较困难。普通墙纸用80 g/m²的纸做基材，如改用100 g/m²的纸，增加涂塑量，并加入发泡剂，即可制成发泡墙纸。其中，低发泡者可以印花或压花，高发泡者表面具有更加凹凸不平的花纹，装饰性和吸声性都是普通墙纸所不及的。

除普通墙纸和发泡墙纸外，还有许多特种墙纸。一是仿真墙纸，它们可以模仿木、竹、砖、石等天然材料，给人以质朴、自然的视觉印象。二是风景墙纸，即通过特殊的工艺将油画、摄影等印在纸上。采用这种墙纸，能扩大空间感，增加空间的自然情趣。三是金属墙纸，这是一种在基层上涂金属膜的墙纸，它可以像金属面那样光闪闪、金灿灿，故常用于舞厅、酒吧等气氛热烈的建筑场所。

此外，还有荧光、防水、防火、防霉、防结露等墙纸，装饰设计中，可根据需要加以选用。

墙布是以通常意义上的布或玻璃纤维布为基材制成的，外观与墙纸相似，但耐久性、阻燃性更好。锦缎的色彩和图案十分丰富，用锦缎裱糊墙面，可以使空间环境由于特定的色彩和图案而显得或典雅或豪华或古色古香。锦缎墙面的构造有两类：当墙面较小时，可以满铺；而当墙面较大时，可以分块拼装。满铺者，先用40 mm×40 mm的木龙骨按450 mm的间距构成方格网，在其上钉上五夹板衬板，再将锦缎用乳胶裱在衬板上。不论满铺还是拼装，都要在基底上作好防潮处理，常用的做法是用1∶3的水泥砂浆找平，涂一道冷底子油，再铺一毡二油防潮层。

5）软包类墙面

以织物、皮革等材料为面层，下衬海绵等软质材料的墙面称软包墙面，它们质地柔软、吸声性能良好，常被用于幼儿园活动室、会议室、歌舞厅等建筑空间。用于软包墙面的织物面层，质地宜稍厚重，色彩、图案应与环境性质相协调。作为衬料的海绵厚40 mm左右。皮革面层高雅、亲切，可用于档次较高的空间，如会议室和贵宾室等。人造皮革是以毛毡或麻织物做底板，浸泡后加入颜色和填料，再经烘干、压花、压纹等工艺制成的。用皮革和人造皮革覆面时，可采用平贴、打折、车线、钉扣等形式。无论采用哪种覆面材料，软包墙面的基底均应做好防潮处理。

　　6）板材类墙面

　　用来装饰墙面的板材有石膏板、石棉水泥板、金属板、玻璃板、塑铝板、防火板、塑料板和有机玻璃板等。

　　（1）石膏板墙面。石膏板是用石膏、废纸浆纤维、聚乙烯醇胶黏剂和泡沫剂制成的。具有可锯、可钻、可钉、防火、隔声、质轻、防虫蛀等优点，表面可以油漆、喷涂或贴墙纸。常用的石膏板有纸面石膏板、装饰石膏板和纤维石膏板。石膏板规格较多，长450～1200 mm，宽300～500 mm，厚为9.5 mm和12 mm。石膏板可以直接粘贴在承重墙上，但更多的是钉在非承重墙的木龙骨或轻钢龙骨上。板间缝隙要填腻子，在其上粘贴纸带，纸带之上再补腻子，待完全干燥后，打磨光滑，再进一步进行涂刷等处理。石膏板耐水性较差，不可用于多水潮湿处。

　　（2）石棉水泥板墙面。波形石棉水泥瓦本是用于屋面的，但在某些情况下，也可用于局部墙面，取得特殊的声学效果和视觉效果。用于墙面的石棉水泥瓦多为小波的，表面可按设计构思涂上所需的颜色。石棉水泥平板多用于多水潮湿的建筑空间。

　　（3）金属板墙面。用铝合金、不锈钢等金属薄板装饰墙面不但坚固耐用、新颖美观，而且还有强烈的时代感。值得注意的是金属板质感硬冷，大面积使用时（尤其是镜面不锈钢板）容易暴露表面不平整等缺陷。铝合金板有平板型、波型、凸凹型等多种，表面可以喷漆、烤燎、镀瓷和涂塑。不锈钢板耐腐性强，可以做成镜面板、雾面板、丝面板、凸凹板、腐蚀雕刻板、穿孔板或弧形板等不同种类，其中的镜面板常与其他材料组合使用，以取得粗细、明暗对比的效果。金属板可用螺钉钉在墙体上，也可用特制的紧固件挂在龙骨上。

　　（4）玻璃板墙面。玻璃的种类极多，用于建筑的有平板玻璃、磨砂玻璃、夹丝玻璃、花纹玻璃（压花、喷花、刻花）、彩色玻璃、中空玻璃、影绘玻璃、钢化玻璃、吸热玻璃及玻璃砖等种类。这些玻璃中的大多数，已不再是单纯的透光材料，还常常具有控制光线、调节能源及改善环境的作用。用于墙面的玻璃大体有两类：一是平板玻璃或磨砂玻璃；二是镜面玻璃。在下列情况下使用镜面玻璃墙面是适宜的：一是空间较小，用镜面玻璃墙增强空间感；二是构件体量大（如柱子过粗），通过镜面玻璃"弱化"或"消解"构件粗重的视觉效果；三是故意制造华丽乃至戏剧性的气氛，如用于舞厅或夜总会；四是着力反映室内陈设，如用于商店，借以显示商品的丰富；五是用于健身房、练功房，让训练者能够看到自己的身姿。镜面玻璃墙可以是通高的，也可以是半截的。采用通高墙面时，要注意保护下半截，如设置栏杆、水池、花台等，以防被人碰破。玻璃墙面的基本做法是：在墙上架龙骨，在龙骨上钉胶合板或纤维板，然后在板上固定玻璃。固定玻璃的方法有三：一是在玻璃上钻孔，用镀锚螺钉或铜钉把玻璃拧在龙骨上；二是用螺钉固定压条，通过压条把玻璃固定在龙骨上；三是用玻璃胶直接把玻璃粘在衬板上。

（5）塑铝板墙面。塑铝板厚3～4 mm，表面有多种颜色和图案，可以十分逼真地模仿各种木材和石材。再加上它施工简便，外表美观，故常常用于对外观要求较高的墙面。

2.隔断装饰

隔断与实墙都属于空间中的侧界面，隔断与实墙的区别主要表现在分隔空间的程度和特征上。一般说来，实墙（包括承重墙和隔墙）是到顶的，因此，它不仅能够限定空间的范围，还能在较大程度上阻隔声音和视线。与实墙相比较，隔断限定空间的程度比较小，形式也更加灵活多样。有些隔断不到顶，因此，只能限定空间的范围，难于阻隔声音和视线；有些隔断可能到顶，但全部或大部分使用玻璃或花格，阻隔声音和视线的能力同样比较差（图3-4）；有些隔断是推拉

图3-4　隔断装饰

式的、折叠式的或可拆装式的，关闭时类似隔墙，可以限制通行，也能在一定程度上阻隔声音或视线，但可以根据需要随时拉开或撤掉，使本来被隔的空间再度连起来。诸如此类的情况均表明，隔断限定空间的程度远比实墙要小得多，但形式却远比实墙要多。中国古建筑多用木构架，有"墙倒屋不塌"的说法，它为灵活划分内部空间提供了可能，也使中国有了隔扇、罩、博古架、屏风、花格、玻璃隔断、幔帐等多种极具民族特色的空间分隔物。

1）隔扇类

（1）传统隔扇。传统隔扇多用硬木精工制作（图3-5）。上部称格心，可做成各种花格，用来裱纸、裱纱或镶玻璃；下部称裙板，多雕刻预示吉祥如意的纹样，有的还镶嵌玉石或贝壳。传统隔扇开启方便，极具装

图3-5　传统隔扇

饰性，不仅用于宫廷，也广泛用于祠堂、庙宇和民居等建筑。在现代室内设计中，特别是设计中式环境时，可以在借鉴传统隔扇形式的同时，使用一些现代材料和手法，让它们既充满传统特征，又富有时代气息。

（2）拆装式隔扇。拆装式隔扇是由多扇隔扇组成的，它们拼装在一起，可以组成一个成片的隔断，把大空间分隔成小空间；如有另一种需要，又可一扇一扇地拆下去，把小空间打通而重新形成大空间。隔扇不需左右移动，故上下均无固定轨道和滑轮，只需在上槛处留出便于拆装的空隙即可。隔扇宽约800～1200 mm，多用夹板覆面，表面平整，很少有多余的装饰。

（3）折叠式隔扇。折叠式隔扇大多是用木材制作的，隔扇的宽度比拆装式小，一般为500～1000 mm。隔扇顶部的滑轮可以放在扇顶端的正中间，也可放在扇的一端。前者由于支撑点与扇的重心重合在一条直线上，故地面上设不设轨道都可以；后者由于支撑点与扇的重心不在一条直线上，故一般在顶部和地面同时设轨道，这种方式适用于

较窄的隔扇。隔扇之间须用铰链连接,折叠式隔断收拢时,可收向一侧或分别收向两侧。如装修要求较高,则在一侧或两侧作"小室",把收拢的隔断掩藏在"小室"内。

上述折叠式隔扇多用木骨架,并用夹板和防火板等做面板,故称为硬质类折叠式隔扇。还有一类折叠式隔扇,用木材或金属做成可以伸缩的框架,用帆布或皮革作面料,可以像手风琴的琴箱那样伸缩,被称为软质折叠式隔扇。它们通常情况下多用于开口不大的地方,如住宅的客厅或居室等。

图3-6　落地罩

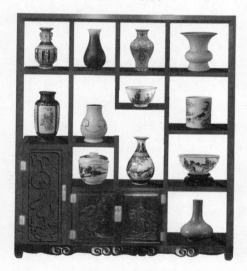

图3-7　博古架

2)罩

罩起源于中国传统建筑,是一种附着于梁和墙柱的空间分隔物。两侧沿墙柱下延并且落地者,称为落地罩(图3-6),具体名称往往依据中间开口的形状而定,如"圆光罩"(开口为圆形)、"八角罩"(开口为八角形)、"花瓶罩"(开口为花瓶形)、"蕉叶罩"(开口为蕉叶形)等。两侧沿墙柱下延一段而不落地者称"飞罩",其形式更显轻巧。

3)博古架

博古架是一种既有实用功能,又有装饰价值的空间分隔物(图3-7)。实用功能表现为能够陈设书籍、古玩和器皿;装饰价值表现为分隔形式美观且工艺精致。古代的博古架常用硬木制作，多用于书房和客厅。现今的博古架往往使用玻璃隔板、金属立柱或可以拉紧的钢丝，外形更显简洁而富现代气息。博古架可以看成家具，但有时也可以作为空间分隔物，因而也具有隔断的性质。

4）屏风

屏风有独立式、联立式和拆装式三个类别。独立式屏风靠支架支撑而自立，经常作为主要家具的背景。联立式屏风由多扇组成，可由支座支撑，也可铰接在一起，折成锯齿形状而直立。这两种屏风在传统建筑中屡见不鲜，常用木材做骨架，在中间镶嵌木板或模糊丝绢，并用雕刻、书法或绘画作装饰。而现代建筑中使用的屏风，多数是工业化生产、商品化供应的拆装式屏风，它们可以分隔空间，但高不到顶，能解决部分视线干扰问题，但不隔声。这种屏风多用于写字楼，其最大优点是可以按需组合，灵活拆装，最大限度地增强空间的灵活性和通用性。拆装式屏风的高度由1050 mm到1700 mm不等。其屏板往往以木材做骨架（少数也以金属做骨架），以夹板、防火板、塑料板等做面板，或在夹板外另覆织物、皮革等面料，并通过特别的连接件按隔断需要将若干扇连接到一起。

5）花格

这里所说的花格是一种以杆件、玻璃和花饰等要素构成的空透式隔断。它们可以限定空间范围，并且具有很强的装饰性，但大都不能阻隔声音和视线。木花格是常见花格之一，它们以硬杂木做成，杆件可用榫接，或用铰接和胶接，还常用金属、有机玻璃、木块作花饰。木花格中也有使用各式玻璃的，不论夹花、印花或刻花，均能给人以新颖、活泼的视觉感受。竹花格是用竹竿架构的，竹的直径约为10～50 mm。竹花格清新、自然，富有野趣，可用于餐厅、茶室、花店等追求幽雅情调的场所。

金属花格的成型方法有两种：一种是借模型浇铸出铜、铁、铝等花饰；另一种是弯曲成型，即用扁钢、铜管、钢筋等弯成花饰，花饰之间、花饰与边框之间用点焊、明钉或螺栓连接。金属花格成型方法较多，图案较丰富，尤其是容易形成圆润、流畅的曲线，可使花格更显活泼，更富有动感。

6）玻璃隔断

这里所说的玻璃隔断有三类：第一类是以木材和金属作框，中间大量镶嵌玻璃的隔断；第二类是没有框料，完全由玻璃构成的隔断；第三类是玻璃砖隔断。第一、第二类可用普通玻璃，也可用压花玻璃、刻花玻璃、夹花玻璃、彩色玻璃和磨砂玻璃；以木材为框料时，可用木压条或金属压条将玻璃镶在框架内，以金属材料作框料时，压条也用金属的，金属表面可以电镀抛光，还可以处理成银白、咖啡等颜色。全部使用玻璃的隔断，主要用于商场或写字楼，它清澈、明亮，不仅可以让人们看到整个环境场景，还有一种鲜明的时代感。这种玻璃厚约12～15 mm，玻璃之间用胶接。

玻璃砖有凹形和空心两种。凹型空心砖的规格有148 mm×148 mm×42 mm，203 mm×203 mm×50 mm和220 mm×220 mm×50 mm。空心玻璃砖的常用规格有200 mm×200 mm×90 mm和220 mm×220 mm×90 mm。玻璃砖隔断的基本做法是：在底座、边柱（墙）和顶梁中甩出钢筋，在玻璃砖中间架纵横钢筋网，让网与甩出的钢筋相连，再在纵横钢筋的两侧用白水泥勾缝，使其成为美观的分格线。玻璃砖隔断透光，但同时能够遮蔽景物，是一种新颖美观的隔断界面。玻璃砖隔断一般面积不宜太大，否则就要在中间增加横梁和立柱。

（三）底界面的装饰设计

内部空间底界面装饰设计一般就是指楼地面的装饰设计。楼地面的装饰设计要充分考虑使用上的要求：普通楼地面应有足够的耐磨性和耐水性，并要便于清扫和维护；浴室、厨房、实验室的楼地面应有更高的防水、防火、耐酸、耐碱等能力；经常有人停留的空间如办公室和居室等，楼地面应有一定的弹性和较小的传热性；对某些楼地面来说，也许还会有较高的声学要求，为减少空气传声，要严堵孔洞和缝隙；为减少固体传声，要加做隔声层等。

楼地面面积较大，其图案、质地、色彩可能给人留下深刻的印象，甚至影响整个空间的氛围。为此，必须慎重选择和调配。

选择楼地面的图案要充分考虑空间的功能与性质：在没有太多家具或家具只布置在周边的大厅、过厅中的空间，可选用中心比较突出的团花图案，并与顶棚造型和灯具相对应，以显示空间的华贵和庄重。在一些家具覆盖率较大或采用非对称布局的居室、客厅、会议室等空间中，宜优先选用一些网格形的图案，给人以平和稳定的印象，如果仍然采用中心突出的团花图案，其图案很可能被家具覆盖而不完整。有些空间可能需要一定的导向性，不妨选用斜向图案，让它们发挥诱导、提示的作用。在现代室内设计中，设计师为追求一种朴实、自然的情调，常常刻意在内部空间设计一些类似街道、广场、庭园的地面，其材料往往为大理石碎片、卵石、广场砖及琢毛的石板等。

楼地面的种类很多，有瓷砖地面、陶瓷锦砖地面、石地面、木地面、橡胶地面、玻璃地面和地毯，此外还有水泥地面、水磨石地面等，下面着重介绍一些常用的地面。

1.瓷砖地面

瓷砖种类极多，从表面状况说有普通的、抛光的、仿古的和防滑的，至于从颜色、质地和规格方面来讲那就更多了。抛光砖大多模仿石材，外观宛如大理石和花岗石，规格有400 mm×400 mm，500 mm×500 mm和600 mm×600 mm等多种，最大的可以到1m^{2}或更大，厚度为8～10 mm。仿古砖表面粗糙，颜色素雅，有古拙自然之感。防滑砖表面不平，有凸有凹，多用于厨房等建筑地面。铺瓷砖时，应作20 mm厚的1：4干硬性水泥砂浆结合层，并在上面撒一层素水泥，边洒清水边铺砖。瓷砖间可留窄缝或宽缝，窄缝宽约3 mm，须用干水泥擦严，宽缝宽约10 mm，须用水泥砂浆勾上。有些时候，特别是在使用抛光砖的时候，常常采用紧缝，即将砖尽量挤紧，目的是取得更加平整光滑的视觉效果。

2.陶瓷锦砖地面

陶瓷锦砖也叫马赛克，是一种尺寸很小的瓷砖，由于可以拼成多种图案，现一般统一称为锦砖。陶瓷锦砖的形式很多，有方形、矩形、六角形、八角形等多种。方形的尺寸常为39 mm×39 mm，23.6 mm×23.6 mm和18.05 mm×18.05 mm，厚度均为4.5 mm或5 mm。为便于施工，小块锦砖在出厂时就已拼成300 mm×300 mm（也有600 mm×600 mm）的一大块，并粘贴在牛皮纸上。施工时，先在基层上做20 mm厚的水泥砂浆结合层，并在其上撒水泥，之后即可把大块锦砖铺在结合层上。初凝之后，用清水洗掉牛皮纸，锦砖便显露出来。陶瓷锦砖具有一般瓷砖的优点，适用于面积不大的厕所、厨房及实验室等小面积地面。

3. 石地面

室内地面所用石材一般多为磨光花岗石，因为花岗石比大理石更耐磨，也更具耐碱、耐酸的性能。有些石地面有较多的拼花，为使色彩丰富、纹理多样，所以也掺杂使用大理石。石地面光滑、平整、美观、华丽，多用于公共建筑的大厅、过厅、电梯厅等处。

4. 木地面

普通木地板的面料多为红松、华山松和杉木，由于材质一般，施工也较复杂，所以现在已经很少采用了。

硬木条木地板的面料多为柞木、榆木和核桃木，质地密实，装饰效果好，故常用于较为重要的厅堂。近年来，市场上大都供应免刨、免漆地板，其断面宽度为50 mm，60 mm，80 mm或100 mm，厚度为20 mm上下，四周有企口拼缝。这种板制作精细，省去了现场刨光、油漆等烦琐的工序，颇受现在人们的欢迎，故广泛用于宾馆和家庭。

条木拼花地板是一种等级较高的木地板，材种多为柞木、水曲柳和榆木等硬木，常见形式为席纹和人字纹。用来拼花的板条长250 mm，300 mm，400 mm，宽30 mm，37 mm，42 mm，50 mm，厚18～23 mm。免刨、免漆的拼花地板，板条的长宽比上述尺寸略大。单层拼花木地板均取粘贴法，即在混凝土基层上作20 mm的水泥砂浆找平层，再用胶黏剂将板条直接粘上去。双层拼花木地板是先在基层之上作一层毛地板，再将拼花木地板钉在其上。

复合木地板是一种工业化生产的产品。将装饰面层和纤维板通过特种工艺压在一起，饰面层可为枫木、榉木、桦木、橡木、胡桃木等，有很大的选择性和装饰性。复合木地板的宽度为195 m，长度为2000 mm或2010 mm，厚度为8 mm，周围有拼缝，拼装后不需刨光和油漆，既美观又方便，是家庭和商店地面的理想选择。但复合木地板的主要缺点是板子太薄，在弹性、舒适感、保暖性和耐久性方面不如上述条形木地板和拼花木地板。铺设复合木地板的方法是：将基层整平，在其上铺一层波形防潮衬垫，再将面板四周涂胶，拼装在衬垫上，最后在门口等处用金属压条收口。

5. 橡胶地面

橡胶有普通型和难燃型之分，它们有弹性、不滑、不易在摩擦时发出火花，故常用于实验室、美术馆或博物馆。橡胶板有多种颜色，表面还可以做出凸凹起伏的花纹。铺设橡胶地板时应将基层找平，然后同时在找平层和橡胶板背面涂胶，继而将橡胶板牢牢地黏结在找平层上。

6.玻璃地面

玻璃地面往往用在地面的局部，如舞厅的舞池等。使用玻璃地面的主要目的是增加空间的动感和现代感，因为玻璃板往往被架空布置，其下可能有流水、白砂、贝壳等景物，如加灯光照射，会更加引人注目。用做地面的玻璃多为钢化玻璃或镭射玻璃，厚度往往为10～15 mm。

7.地毯

地毯有吸声、柔软、色彩图案丰富等优点，用地毯覆盖地面不仅舒适、美观、还能通过特有的图案体现环境的特点。市场上出售的地毯有纯毛、混纺、化纤、草编等多种规格。

纯毛地毯大多以羊毛为原料，有手工和机织两大类。这类地毯弹性好，质地厚重，但价格较贵。在现代建筑中常常做成工艺地毯，铺在贵宾厅或客厅中。

混纺地毯是毛与合成纤维或麻等混纺的，如在纯毛中加入20％的尼龙纤维等制成的混纺地毯，其价格较低，还可以克服纯毛地毯不耐虫蛀等缺点。

化纤地毯是以涤纶、腈纶等纤维织成的，以麻布为底层，这类地毯着色容易，花色较多，且比纯毛地毯便宜，故大量用于民用建筑中。

选用地毯除考虑质地外，重要的是选择颜色和图案，选择的主要根据是空间的用途和应有的空间氛围。空间比较宽敞而中间又无多少家具的过厅、会客厅等，可以选用色彩稍稍艳丽的中央带有团花图案的地毯；大型宴会厅、会议室等，可以选用色彩鲜明带有散花图案的地毯；办公室、宾馆客房和住宅中的卧室等，可选用单色地毯，最好是中灰、淡咖啡等比较稳重的颜色，以达到素雅和安静的视觉效果（图3-8）。

图3-8 卧室地毯

住宅的客厅往往都有一个沙发组，可在其间（即茶几之下）铺一块工艺地毯，一方面让使用者感到舒适，一方面借以增加环境的装饰性。大部分地毯是整张、整卷的，也有一些小块拼装的，这些拼装块多为500 mm × 500 mm，用它们铺盖大型办公空间等，简便易行，还利于日后的维修和更换。

三、常见结构构件的装饰设计

在室内，常见结构构件有梁和柱。它们暴露在人们的视线之内，装饰设计不仅事关构件的使用功能，而且还影响整个空间的形象、氛围与风格。

（一）柱的装饰设计

1.柱的造型设计

图3-9　柱的造型设计

柱的造型设计要注意与整个空间的功能性质相一致（图3-9）。舞厅、歌厅等娱乐场所的柱子装饰可以华丽、新颖、活跃些；办公场所的柱子装饰要简洁、明快些；候机楼、候车厅、地铁等场所的柱子装修应坚固耐用，有一定的时代感；商店里的柱子装修则可与展示用的柜架和试衣间等相结合。

2.柱的尺度和比例

要考虑柱子自身的尺度和比例。柱子过高、过细时，可将其分为两段或三段；柱子过矮、过粗时，应采用竖向划分，以减弱短粗的感觉；柱子粗大而且很密时，可用光洁的材料如不锈钢、镜面玻璃做柱面，以弱化它的存在，或让它反射周围的景物，使其融于整个环境中。

3.柱与灯具设计相结合

即利用顶棚上的灯具、柱头上的灯具及柱身上的壁灯等灯具共同表现柱子的装饰性。用做柱面的材料多种多样，除墙面常用的瓷砖、大理石、花岗石、木材外，还常用防火板、不锈钢、塑铝板或镜面玻璃，有时也局部使用块石、铜、铁等。

（二）梁的装饰设计

楼板的主梁、次梁直接暴露在板下时，应做一些或繁或简的处理。简单的处理方法是梁面与顶棚使用相同的涂料或壁纸进行装饰。复杂一些的做法是在梁的局部作花饰或将梁身用木板等材料包起来。在实际工程中，可能有以下情况。

1.露明的梁

在传统建筑中和模仿传统木结构的建筑中，大梁大都是露明的，它们与檩条、椽条、屋面板一起，直接暴露在人们的视野内，被称为"彻上露明造"。现代建筑中，木梁较少，但一些特殊的亭、阁、廊和一些常见的"中式"建筑，仍然会有些露明的木梁或钢筋混凝土梁。采取上述装饰方法，会使它们颇有传统建筑的典雅特色。

2.带彩画的木梁或钢筋混凝土梁

在中式厅堂或亭、阁、廊等建筑中，为突出显示空间的民族特色，常以彩画装饰梁身（图3-10）。彩画是中国传统建筑中常用的装饰手法，明清时发展至顶峰，并形成了相对稳定的形制。清代彩画有三大类，即和玺

图3-10　彩画装饰梁

彩画、旋子彩画和苏式彩画。其中，以和玺彩画等级最高，以龙为主要图案，用于宫殿和宫室；旋子彩画等级次之，因箍头用旋子花饰而得名；苏式彩画以中间有一个"包袱"形的图案为主要特点，形式相对自由，多用于民居或园林建筑。现今建筑中的梁身彩画，已经不严格拘泥于传统彩画的形制，而多数是传统彩画的翻新和提炼。

3.带石膏花的钢筋混凝土梁

有人认为，彩画梁身过于繁缛，也过于传统。因此，在既富有现代气息又期待有较好装饰效果的空间内，人们便常用石膏花来装饰梁身。石膏花是用模子翻制出来后再粘到梁上的，往往与梁身同色，既有凸凹变化，又极为素雅。

四、常用部件的装饰设计

门、窗、楼梯、栏杆等部件的装饰设计，可以在建筑设计过程中完成，也可以在室内设计过程中完成。

（一）门的装饰设计

门的种类极多，按主要材料可分为：木质门、钢门、铝合金门和玻璃门等；按用途可分为：普通门、隔声门、保温门和防火门等；按开启方式可分为：平开门、弹簧门、推拉门、转门和自动门等。门的装饰设计包括外形设计和构造设计，不同材料和不同开启方式的门的构造是完全不同的。

门的外形设计主要指门扇、门套（筒子板）和门头的设计，它们的形式不仅关系到门的使用功能，也关系到整个室内环境的风格。在上述三个组成部分中，门扇的面积最大，对门的整体装饰效果影响也最大。

在民用建筑中，常用门扇约有以下几大类：第一类是中国传统风格的，它们由传统隔扇发展而来，但在现代建筑中，大都进行了适度简化，有的还采用了现代材料如玻璃与金属等。第二类是欧美传统风格的，它们大都显现于西方古典建筑和近现代欧美建筑，总体造型较厚重。第三类是常见于居住建筑的普通门，它们讲求实用，造型较简单，多用于居室、厨房和厕所等。第四类是一些讲究装饰艺术的现代门，它们或用于公共建筑，或用于居住建筑，大都具有良好的装饰效果并着力体现现代感。这种门造型不拘一格，追求的是色彩、质地与材料的合理搭配，往往同时使用木材、玻璃、扁铁等多种材料。

门的构造因材料和开启方式的不同而产生差异。常用的木门由框、扇两部分组成。门扇可以用胶合板、饰面板、皮革、织物覆盖，既可以大面积镶嵌玻璃，也可在局部用铝合金、铁合金、不锈钢等材料作装饰。下面具体介绍几种常用门的构造。

1.木质门

木质门从构造角度来看，分为夹板门和镶板门两大类。夹板门由骨架和面板组成，面板以胶合板为主，有时也在局部使用玻璃或金属。镶板门的门扇以冒头和边挺构成框架，芯板均镶在框料中。这种门结实耐用，外观厚重，但施工较复杂。有些木门以扁铁作花饰，并与玻璃相结合，扁铁常常漆成黑色，可以使门的外观更具表现力。有一种雕花门，即在门的表面上饰以硬木浮雕花，再配以木线作装饰。雕花的内容一般为花、鸟、鱼、虫等。

2.玻璃门

这里所说的玻璃门大概有两类：一类以木材或金属做框料，中间镶嵌清玻璃、砂磨玻璃、刻花玻璃、喷花玻璃或中空玻璃等，玻璃在整个门扇中所占比例较大；另一类完全用玻璃做门扇，扇中没有边挺、冒头等框料。

3.皮革门

皮革门质软、隔声，富有亲切感，多用于会议室或接见厅。常见的做法是：在门扇的木板上铺海绵，再在其上覆盖真皮或人造革。有时为使海绵与皮革贴紧木板，或为了使表面更加美观，可用木压条或钢钉等将皮革固定在木板上。

4.中式门

中式门是木门的一种，但式样特殊，做法也与常见的木门有所不同，即门扇常常采用镶板法。所谓镶板法，就是将实木板嵌在边挺和冒头的凹槽内，凹槽宽视嵌板厚度而定，凹槽深须保证嵌板与槽底有2 mm左右的间隙。镶板门扇坚固耐用，但费工费料，故在现代普通门中已很少用。

（二）楼梯的装饰设计

在建筑设计中，楼梯的位置、形式和尺寸已经基本确定。所谓楼梯的装饰设计主要是进一步设计踏步、栏杆和扶手，这种情况大多出现在重要的公共建筑和改建建筑中。

1.踏步

踏步（图3-11）的面层材料大多采用石材、磁（缸）砖、地毯以及玻璃和木材。前三种面层大多覆盖于混凝土踏步上，后两种面层大都固定在木梁或钢梁上。玻璃踏步由一

图3-11　踏步

层或两层钢化玻璃构成，一般情况下，只有踏面（水平面）而无踢面（垂直面）时，可用螺栓通过玻璃上的孔固定到钢梁上。玻璃踏步轻盈、剔透，具有很强的感染力，如果下面还有水池、白砂、绿化等景观，则更能增加楼梯的观赏性与趣味性。但是玻璃踏步防滑性能差，不够安全，故多用于强调观赏价值，而行人不多的楼梯。木踏步质地柔软、富有弹性，行走舒适且外形美观，但防火性差，故常用于通过人数很少的场所，如复式住宅中。无论使用哪种踏步面层，都要做好防滑处理，并注意保护踏面与踢面形成的交角。防滑条的种类很多，常用的有陶瓷（成品）、钢、铁、橡胶及水泥金刚砂等。

2.栏杆与扶手

通常说的楼梯栏杆（图3-12）乃是栏杆与栏板的通称。具体地说，由杆件和花饰构成，外观空透的称栏杆；由混凝土、木板或玻璃板等构成，外观平实的称栏板。栏杆与栏板作用相同，都是为使用楼梯者提供安全保证和方便的。确定栏杆或栏板的形式除考虑安全要求外，还应充分考虑视觉效果和总体风格方面的要求，如封闭、厚重还是轻巧、剔透，古朴凝重还是简洁现代等的选

图3-12　楼梯栏杆

择。常常有以下两种情况：一是追求西方古典风格，使用车木柱、铁制花饰或在欧美建筑中常见的栏板；二是强调现代感，使用简洁明快的玻璃栏板或杆件较少的栏杆。

（1）木栏杆

由立柱或另加横杆组成。立柱可以是方形断面的，也可以是各式车木的，其上下端多以方形中棒分别与扶手和梯帮相连。

（2）金属栏杆

有两类：一类以方钢、圆钢、扁铁为主要材料，形成立柱和横杆；另一类是由铸铁件构成的花饰。前者风格简约，而后者更具装饰性。用做立柱的钢管直径为10～25 mm，钢筋直径为10～18 mm，方钢管截面为16 mm×16 mm至35 mm×35 mm，方钢截面约

16 mm×16 mm。近年来，用不锈钢、铝合金、铜等制作的栏杆逐渐增多，其形式与用钢铁等制作的栏杆基本相似。

（3）玻璃栏板

用于栏板的玻璃是厚度大于10 mm的平板玻璃、钢化玻璃或夹丝玻璃。有全玻璃的，也有与不锈钢立柱相结合的。玻璃与金属件之间常用螺钉和胶相连接。

（4）混凝土栏板

这是一种比较厚重的栏板，在现场浇灌，通常将板底与楼梯踏步浇灌在一起。栏板两侧可用瓷砖、大理石、花岗石或水磨石等进行装修，造型稳定庄重，常用于商场、会堂等严肃的场所。有些混凝土栏板带局部花饰，花饰由金属或木材制作，具有更强的装饰性。

（5）扶手

扶手是供上下行人抓扶的，故材料、断面形状和尺寸应充分考虑使用者的舒适度。与此同时，也要使断面形状、色彩、质地具有良好的形式美，能够与栏杆（栏板）一起构成美观耐看的部件。常用扶手有木质的、橡胶的、不锈钢的、铜的、塑料的和石板的，另外有现场水磨石扶手，但因施工不便已经很少使用了。成人用扶手高度一般为900～1100 mm，儿童用扶手高度一般为500～600 mm。

在商场、博物馆等场所的大型楼梯中，为了行人使用方便，同时也为了创造一种特殊的艺术审美效果，可在扶手的下面做一个与扶手等长的灯槽，灯光向下，形成一个鲜明而又不刺眼的光带。

（三）电梯厅的装饰设计

电梯是现代高层建筑乃至某些多层建筑不可缺少的垂直交通工具。它与楼梯一起构成建筑物的交通枢纽，既是人流集散的必经之地，也是人们感受建筑风格、特色、等级、品位的另一重要场所。

电梯厅的装饰设计包括顶棚、地面、墙面的设计，也包括一些必要的部件陈设（图3-13）。为了讲解得更加清楚明白，先在这里简单

图3-13　电梯厅的装饰设计

地介绍一下电梯的组成和配置。建筑中的电梯包括两部分：一部分属于建筑设计的内容，含机房、井道和地坑；另一部分属于设备处理的内容，含轿厢（电梯厢及外面的轿架）、平衡重和起重设施（动力、传动和控制部分）。电梯厅的顶棚常采用比较简洁的造型和灯具，有时还采用镜面玻璃顶。这是因为，电梯厅的净高通常都不高，不宜采用过于复杂的造型和高大的吊灯。电梯厅的地面大都采用磨光花岗石或大理石，墙面也多用石材、不锈钢等坚固耐用而又美观光洁的材料。在室内设计中要严格按照电梯样本的要求，预留好按钮和运行状况显示器的洞口。

第二节 感觉概述

一、感觉的概念

感觉是指人脑对于直接作用于感觉器官的事物的个别属性的认识。人脑是通过接受和加工事物的个别属性进而认识其整体的。人们对客观世界的认识通常是从认识事物的一些个别的、简单的属性开始的。例如粉笔，我们用眼睛看，知道它是白色的，形状是近似的圆柱体；用手摸一摸，知道它表面是光滑的；用手掂一掂，知道它有一定的重量。我们所提到的白色、圆柱体、重量就是粉笔这一事物的一些个别属性。眼睛与手表面的皮肤是人的感官，我们将感官接受到的信息传递给大脑，再由大脑对之进行加工，于是就形成了颜色、重量、光滑度等感觉。

感觉虽然简单却很重要，它在人的心理发展及工作生活中意义重大。

首先，感觉为我们提供了体内外环境的信息。通过感觉我们能够了解宇宙万物，通过感觉我们能够感受到自己机体的各种状态，如冷热、饥渴等。

其次，感觉保证了有机体与环境的信息平衡。人们从周围环境获得必要的信息，是机体保证正常生活所必需的。反之，信息超载或不足，都会破坏信息的平衡，对机体带来严重的不良影响。如大城市信息超载，造成信息污染，会使人产生"冷漠"的态度；相反，如果"感觉剥夺（sensory deprivation）"造成信息不足，也会使人痛苦不堪。加拿大克吉尔大学心理学家赫布和贝克斯顿于1954年首次进行了

"感觉剥夺"实验并报告了实验结果。实验中，给被试者戴上半透明的护目镜，使其难以产生视觉；用空气调节器发出的单调声音限制其听觉；手臂戴上纸筒套袖和手套，腿脚用夹板固定，限制其触觉。被试者单独待在实验室里，几小时后开始感到恐慌，进而产生幻觉……在实验室连续待了三四天后，被试者会产生许多病理心理现象：出现错觉幻觉；注意力涣散，思维迟钝；紧张、焦虑、恐惧等，实验后需数日方能恢复正常。被试者尽管每天可以得到20美元的报酬，但他们难以在这种实验室里待3天以上。

再次，感觉是一切高级、复杂心理现象的基础。离开感觉，一切高级、复杂心理现象就无从产生。

二、视觉

根据刺激来源的不同，我们可以把感觉分为外部感觉和内部感觉。外部感觉是由机体以外的客观刺激引起并反映外界事物个别属性的感觉。外部感觉包括视觉、听觉、嗅觉、味觉和肤觉。内部感觉则是由机体内部的客观刺激引起并反映机体自身状态的感觉。内部感觉包括运动觉、平衡觉和机体觉。

视觉（vision）是人类最重要的一种感觉，它是由光刺激作用于人的眼睛而产生的。人类获得的外界信息中有80%来自视觉。

（一）色觉

色觉即关于颜色的视觉。在一定强度下，一种波长的光引起一种颜色感觉，颜色就是光波作用于人眼所引起的视觉经验。日常生活中，颜色有广义和狭义之分。广义的颜色包括非彩色（白、黑、灰色）和彩色；狭义的颜色仅指彩色。

颜色有三个基本特性：色调、明度、饱和度。

色调（hue），主要取决于光波的波长。由于占优势的光波的波长不同，色调就不同。例如，700 nm的波长占优势，光源看上去是红的；510 nm的波长占优势，光源看上去是绿的。如果物体反射光中长波占优势，物体呈红色或黄色；如果物体反射光中短波占优势，物体呈绿色或蓝色。

明度（brightness），是指颜色的明暗程度。色调相同的颜色，明暗可能不同。颜色的明暗决定于照明的强度或物体表面的反射系数。

光线的照度越大，或者物体表面的反射率越高，物体看上去就越亮。

饱和度（saturation），是指某种颜色纯杂的程度。高饱和度的颜色是纯的，是单一波长的光，如鲜红、鲜绿等。完全不饱和的颜色是没有色调的，如黑白之间的各种灰色颜色混合。

在日常生活中，人们所看到的颜色大多是由不同波长的光混合而成的。人们对颜色混合而产生的视觉现象有以下三个定律。

互补律：每一种颜色都有一种与它混合而产生白色或灰色，这两种颜色称为互补色。如绿色和紫色、蓝色和黄色、红色和青色等，它们按一定比例混合都可能产生白色，因此它们是互补色。

间色律：混合两种非互补色会产生一种介于两者之间的颜色。如混合红色与绿色，根据混合比例不同，会产生橙色、黄色、橙黄色等。

替代律：不同颜色混合后可以产生感觉上相似的颜色，可以互相替代。

（二）视觉对比

视觉对比（visual constrast）是由光刺激在空间上的不同分布引起的视觉经验，包括明暗对比和颜色对比两个方面。

明暗对比是指当某个物体反射的光量完全相同，但由于周围物体的明度不同而呈现不同的明度经验。这是由光强在空间上的不同分布造成的。例如，从同一张灰色的纸上剪下两块方形纸片，将其各自放在一张白纸和一张黑色纸上，你会发现，在白色纸上的灰色纸片的颜色要比黑色纸上的深。

颜色对比是指一个物体的颜色会受到它周围物体的颜色的影响而发生色调的变化。例如，将灰色方块放在红色背景上，灰色方块会略显绿色；放在绿色背景上，灰色方块会略显红色。也就是说，物体本身的色调会向着背景颜色的补色方向变化。

（三）视觉适应

视觉适应是指由于光刺激的持续作用而引起眼睛的感受性（发生）变化的现象，包括暗适应和明适应两个方面。

　　暗适应（dark adaptation），是指照明停止或由亮处进入暗处时视觉感受性提高的过程。例如，从明亮的室外进入黑暗的室内，或夜晚从室外进入室内，都会产生暗适应。暗适应开始时（约10 min）是由棒体细胞与锥体细胞共同完成的，以后，锥体细胞完成适应过程，只有棒体细胞在继续进行适应活动。整个暗适应持续30~40 min。

　　暗适应的机制是感受器内光化学物质的变化。当视色素吸收光线时，视色素中的视黄醛完全脱离视蛋白，视网膜颜色由红转橙、转黄，最后成为无色透明的物质，这个过程叫漂白。当光线停止作用时，视黄醛与视蛋白重新结合，这个过程称为还原。由于视色素的还原，感受器对光线的吸收作用上升，因而使感受性提高。但后来研究发现，暗适应除了视网膜上的感受器的光化学效应外，其实还有神经的作用参加。

　　明适应（bright adaptation），与暗适应相反，是指照明开始或由暗处进入亮处时眼睛的感受性下降的过程。明适应一般比较快，约5 min就可完成。明适应的机制与暗适应正好相反，是视觉色素漂白的过程。

　　视觉适应在生活实践中有重要意义，如值夜班的飞行员与消防员，长时期在井下工作的工人等，视觉适应对于他们工作顺利进行影响重大。

　　（四）视后像和融合现象

　　注视一个光源或较亮的物体，然后闭上眼睛，这时可以感觉到一个光斑，其形状和大小均与该光源或物体相似，这种主观的视觉后效应称为视后像。如果给以闪光刺激，则主观上的光亮感觉的持续时间比实际的闪光时间长，这是由于光的后效应所致。后效应的持续时间与光刺激的强度有关。通常情况下，视后像仅持续几秒到几分钟。如果光刺激很强，视后像的持续时间也较长。

　　请大家在亮光下，注视圆环中的十字，约1 min。然后将视线移至远处墙上，即可见到比原图较大的视后像。如将视线移至手心或一小纸片，将可见到比原图较小的视后像（图3-14）。

　　如果用重复的闪光刺激人眼，当闪光频率较低时，主观上常能分辨出一次又一次的闪光。当闪光频率增加到一定程度时，重复的闪

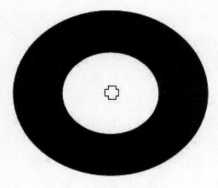

图 3-14 视后像现象测验

光刺激可引起主观上的连续光感，这一现象称为融合（fusion phenomenon）。融合现象是由于闪光的间隙时间比视后像的时间更短而产生的。能引起闪光融合的最低频率，称为临界融合频率。在中等光照强度下，临界融合频率约为25次/s。电影每秒钟放映24个画面，电视每秒钟播放60个画面，因此，观看电影和电视时的主观感觉其画面是连续的。临界融合频率与光的强度有关。光线较暗时，闪光频率低至6次/s即可产生融合现象；而光线较强时，临界融合频率可高达60次/s。

三、感觉过程的规律

（一）感觉的适应

感觉的适应是指同种刺激物持续地作用于某一感受器而使感受性发生变化的现象。这种变化或者使感受性提高或者使感受性降低。例如，我们刚从电影院出来时，由于外面的光线太强，会看不清外面的东西，只好眯起眼睛以免强光照射。这是因为在黑暗中我们眼睛的感受性提高了，在强光下需要降低感受性。当我们从明亮的阳光下，走进一个光线比较暗的房子里，开始我们什么也看不清，以后才能逐渐分辨出物体的轮廓。这是我们对弱光的感受性不断提高的缘故。而"入芝兰之室，久而不闻其香；入鲍鱼之肆，久而不闻其臭"，则是嗅觉的适应。

（二）感觉的对比

两种不同的刺激物作用于同一感受器而使感受性发生变化的现象，是感觉的对比，包括：同时对比和继时对比。

同时对比，是指两种不同的刺激物同时作用于同一感受器产生的对比的现象。例如，同样的灰色方块在白色的背景上显得暗，在深黑色的背景上显得亮。继时对比，是指两种不同的刺激物先后作用于同一感受器产生的对比的现象。例如，先吃黄连后吃糖，会觉得糖特别的甜。

（三）多种感觉的相互作用

多种感觉的相互作用是指对某种刺激的感受性因其他感受器受到刺激而发生变化的现象。例如，颜色有"温色"和"冷色"之分，温色：深红、亮黄、深紫等颜色；冷色：湖蓝、天蓝、浅绿等颜色。研究表明，微弱的光刺激能提高听觉感受性，强光刺激则降低听觉的感受性。不同感觉的相互作用的一般规律是，弱刺激能提高另一种感觉的感受性；强刺激则降低另一种感觉的感受性。

第三节　视错觉

视觉是人类获取外界信息最重要的手段之一。视错觉是在环境及条件的共同作用下，由于人心理或生理因素的原因产生的错误的视觉影像，是人们在长期实践中发现的一种不可避免的特殊视觉感受。在我们日常生活中，所遇到的视错觉的例子有很多。比如，我们在高速公路用100 km的时速驾驭，会觉得车速很慢；而我们在普通公路上用100 km的时速驾驭则会感到一种风驰电掣的感觉。这就是因为我们的视觉受到了在同一条公路的其他车辆车速所影响。又比如，在的士高厅跳舞时，在旋转耀眼的灯光中，你会觉得天旋地转，而其中的其他舞者却跳得特别的活跃。事实上，如果在没有灯光的情况下再看同一样的动作，你只会觉得只是普通的扭来扭去罢了。再比如，把两个有盖的桶装上沙子，一个小桶装满了沙，另一个大桶装的沙和小桶的一样多。当人们不知道里面的沙子有多少时，大多数人拎起两个桶时都会说小桶重得多。他们之所以判断错误，是看见小桶较小，想来该轻一些，谁知一拎起来竟那么重，于是过高估计了它的重量。还比如，法国国旗红、白、蓝三色的比例为35：33：37，而我们却感觉三种颜色面积相等。这是因为白色给人以扩张的感觉，而蓝色则有收缩的感觉，这就是视错觉。

视错觉在建筑造型中的应用有着很重要的实际意义：一方面它起到视觉矫正作用，掌握形态错觉和色彩错觉的视觉特点，能够创造出更符合人视觉思维的建筑环境；另一方面人们可以利用视错觉创造出独特的建筑造型风格。界面的处理中合理应用视错觉，利用人们的视觉假像来改变空间的视觉感受，有利于营造出色彩和谐、布局合理的装饰空间。

一、视错觉的定义

视错觉是指视感觉与客观存在不一致的现象，简称错觉（图3-15）。人们观察物体时，由于物体受到形、光、色等因素的干扰，加上人们的生理、心理原因而误认物象，会产生与实际不符的判断性的视觉误差。视错觉一般分为形的错觉和色的错觉两大类。形的错觉主要有：长短、大小、远近、高低、幻觉、分割、对比等。色的错觉主要有光渗、距离、温度、重量等。

图3-15 旋转的图片

视错觉是人们在长期实践中发现的一种不可避免的视觉感受，它是在环境及条件的共同作用下使人从心理或生理上产生一种不可避免的错误的视觉影像。中国早在两千多年前就已发现视错觉现象的存在，《列子》一书载有小儿辨日的故事，所谓"日初出大如车盖，而日中则如盘盂"就是错觉的一例。古希腊神庙建筑设计上也利用视错觉原理来调整人的视觉感受，中国古代同样有在建筑设计等艺术领域利用视错觉原理的设计先例。可见人们对视错觉已经不仅是采取简单的矫正态度，而是早已把它作为一种处理手法日益广泛地在艺术领域等方面加以利用。

二、产生视错觉的原因

视错觉在日常生活中普遍存在，人们可以利用它创造出千变万化的艺术效果，也可能因为它导致严重的视觉危害。因此，研究视错觉要了解它的现象、因果，要依据科学的理论指导实践。

视错觉是由于生理、心理因素的原因，以及受光、形、色等外界因素的干扰而形成的。生理上，它与眼的构造、瞳孔随着光线发生变化、网目电流、眼睛肌肉及球体在观察不同的物体而发生的变化等因素有关。心理上，它和我们生存的条件以及生活的经验有关。当我们观察物体时，一面用眼睛识别观察物的明暗、色彩、形态等特性，一面很灵敏地用脑子判断。有时候眼睛还没有真正地看清楚，大脑已作出了判断，但这种判断往往是错误的。贡布里希曾在他的书中这样提到："观看从一开始就是有选择的，眼睛对一样本做出什么反应，取决于许多生理与心理因素。"眼睛观察事物包括两个阶段：一是光从物体反射或发射进入人的眼睛，并且在视网膜上"成像"；二是视神经将此影像传入大脑后，大脑对此影像进行判断和解读。

（一）产生视错觉的外部因素

视觉是感觉的一种，而感觉是客观事物作用于感觉器官而产生的。因此，研究感觉的过程，就要从它的外因——刺激物开始，了解它是如何作用于感觉器官并产生相应的感觉现象。我们通过各种视错觉现象和作品，可以将这种刺激物归纳为两种：第一，具有多义性的形象。贡布里希在《艺术与错觉》中分析到"多义性显然是整个物像读解问题的关键……"。多义性的形象，在一个整体中提供给观者多层含义，在投射物像的各个含义的变形过渡中，观者将一种理解转换为另一种理解。正是因为外界物像的这种多义性，让人们认识到两种读解同样适合于一种物像，从而在观察事物时引起了视觉上的错觉（图3-16）。第二，具有强烈感官刺激的物像。这种刺激体现在形体和色彩的排列、对比中。当人眼作用于这类事物时，会感觉到强烈闪烁的动感效果，形象醒目而又捉摸不定。如赫尔曼·格瑞德错觉（图

图3-16 多义性的形象

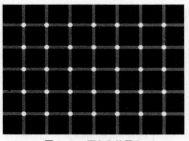

图3-17　不存在的黑点

3-17），如果我们想数这个方块里的黑点就很难。因为当我们眼睛看到这个方块里的另一点的时候，这些黑点变成白色的。于是，算数是不可能的。科学解释就是：这个方块原来没有那些黑点！所以可以理解为，人眼睛不能在两种相反的颜色里转过来转过去，因为两种颜色之间的差异很大。这种差异欺瞒了我们的视力，令我们看见原来并不存在的事物。

（二）产生视错觉的内部因素

除了外部因素外，人自身的内因是起到决定作用的部分。从人本身来看，生理和心理两方面因素共同作用于人。

1.生理原因

从人的生理方面来看，视觉是人最主要认识世界的途径。视错觉现象也是因为人眼对事物的感受和视觉神经的作用两方面引起的。视觉的长短、高低、大小等错觉，对黄金分割的舒适感觉等都是人生理方面的一种功能和需求。如缪勒·莱尔线段（图3-18），附加开口向外V形的线段比向内的显得更长。据日本东北大学本川弘一氏的研究，这种线段错觉主要是由于光刺激视网膜形成一种视网膜电流所产生的。

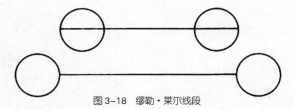

图3-18　缪勒·莱尔线段

视错觉既普遍存在，又复杂多样，有些现象难以解释得十分完善。特别是错觉引起眼睛的生理变化及网目电流等特殊现象，将有待于科学工作者的进一步探索研究。

2.心理原因

视觉的产生是光线进入眼球后，透过视觉的群化法则、图地概念、完整理论等视觉特征，使我们判断出影像的时间、空间、安全、

危险、平衡、不平衡、美
或不美，从而进行欣赏、
思考与创造的过程，由此可
见，视觉并非只是简单的输
入，错视就是在这种视觉和
心理综合分析下产生的。格
式塔的完形心理学、贡布里
希研究的《艺术与错觉》，
从很大程度上是从人的知识
经验作用于心理感受而形成
的理论。如弗雷泽螺旋线

图3-19　弗雷泽螺旋线

（图3-19），看起来是螺旋形的，实际上却是多个同心圆组成的。贡布
里希的《艺术与错觉》一书中提出了对"等等原则"的解释，也就是
"我们愿意采用一种假设，看到一个系列中的几个成员就看到了全体
成员"。用心理上的这种超前预测，将错误的视觉印象应用到所有类
似的图像中。人自身的内因是视错觉产生的关键，如果说外因是其生
长的土壤，那么内因就是它生根发芽的种子。

第四节　界面处理的视觉效应

　　美国摩根财团的创始人摩根，原先并不富有，夫妻二人靠卖蛋维
持生计。但身高体壮的摩根卖蛋远不及瘦小的妻子，后来他终于弄明了
原委。原来他用手掌托着蛋叫卖时，由于手掌太大，人们眼睛的视觉
误差害苦了摩根。他立即改变了卖蛋的方式：把蛋放在一个浅而小的
托盘里，销售情况果然好转。摩根并不因此满足。眼睛的视觉误差既
然能影响销售，那经营的学问就更大了，从而激发了他对心理学、经
营学、管理学等等的研究和探讨，终于创建了摩根财团。

　　而日本东京的一个咖啡店老板则利用人的视觉对颜色产生的误
差，减少了咖啡用量，增加了利润。他给30多位朋友每人4杯浓度完
全相同的咖啡，但盛咖啡的杯子的颜色则分别为咖啡色、红色、青色
和黄色。结果朋友们对完全相同的咖啡评价则不同：认为青色杯子中
的咖啡"太淡"；黄色杯子中的咖啡"不浓，正好"；咖啡色杯子以
及红色杯子中的"太浓"，而且认为红色杯子中的咖啡"太浓"的占

90%。于是老板依据此结果，将其店中的杯子一律改为红色，既大大减少了咖啡用量，又给顾客留下极好的印象。结果顾客越来越多，生意随之更加红火。

当我们步入一个金碧辉煌，流光溢彩的迷人殿堂时，一定会惊诧于这座建筑物的富丽堂皇。当我们置身于温馨宁静而又朴实无华的空间时，会感到浑身的疲倦悄然而去。当我们徜徉在花红柳绿、青山绿水、风光旖旎的大自然中时，我们会陶醉在大自然神奇的风光中。这是什么在起作用？是一种视觉效应。

一、石材的运用与视觉效应

石材的颜色丰富多彩、色彩斑斓。赤、橙、黄、绿、青、蓝、紫，以及由这些丰富多彩的颜色组合而成的各种颜色、花纹在我们已知的石材中都能找到。白色石材中有洁白如玉者，如汉白玉、宝兴白。绿色石材中有碧绿如翡翠的绿玉石、白玉翡翠。红色石材中有如朝霞旭日出、晚霞落日者，如芙蓉红、晚霞红。石材的颜色、花纹以其天然的纹理、自然的色彩包含了大自然的万千气象、蕴含着四时美景、充分展示了石材的自然之美。

中国从古代起就知道利用石材的天然颜色及花纹所展示出的天然纹理和特征来构造天然的山水画。这些利用石材构成的天然的山水画，徐霞客是如此形容的："块块皆奇，俱绝妙着色山水，危峰断壑，飞瀑随云，雪崖映水，层叠远近。笔笔灵异，云能皆活，山如有声，不特五色灿烂而已"。他还称赞道："故知造物之愈出愈奇，从此丹青一家皆为俗笔，而画苑可废矣。"古人的一番话反映出了人们对大理石的喜爱。

对石材的颜色、花纹的喜好因人、民族、国家、年代的不同而异，没有绝对的衡量标准。但从多年的石材使用情况来看，白色、黄色、绿色、咖啡色历经多年而长盛不衰，尤其是黄色类的石材一直是石材装饰中的主色调，深受人们的喜爱。

（一）利用石材的颜色创造建筑物的视觉效应

众所周知，石材的颜色丰富多样、变化万千。生产加工将不同颜色的石材按一定的几何图案进行排列组合，使我们能创造出许许多多具有更好视觉感、更具艺术欣赏价值的石材装饰工艺品。装饰的作用就在于利用不同颜色的组合来改变环境的氛围，创造美丽和谐的环境。由多种颜色石材拼贴而成的不同图案，典雅、庄重、不仅有非常高的艺术欣赏价值，而且具有非常高的装饰价值，给人的视觉以非常强烈的冲撞力，使人产生强烈的视觉效应。这种由石材加工而成的石材拼贴图的产品，目前非常流行于酒店、宾馆、商场、综合性的商务楼，市场前景很好。这种产品之所以非常畅销的一个很重要的原因是视觉感好、视觉效应强。一个建筑物的大小和形状是固定的，但可以通过色彩来改变人们对长度、宽度、高度的感觉。

室内装饰中常利用色彩中的色相、明度和色彩度三要素对视觉所产生的影响来创造某种视觉效应。

利用色彩的温度感可以制造特定的室内气氛。色轮上的红、橙、黄等为暖色。青、蓝、紫等为冷色。暖色和冷色在人的心理和视觉上都会产生不同的效应。暖色可以产生兴奋、热烈的气氛。因而暖色调适于文娱及体育建筑；冷色则产生幽雅、宁静的气氛，适合于居室、阅览室、病房等。

色彩的轻重感主要受明度影响，一般暗色感觉重，明色感觉轻。正确运用轻重感可使室内空间达到平衡、稳定的效果。为了保持色彩的稳定，室内空间自上而下，顶棚最浅，墙面较深，踢脚线和地面最深。

运用色彩的距离感可以调整室内空间的尺度、比例、形态。距离感与色相和明度有关。高明度的暖色为进色，看上去能使物体与人的距离缩短；低明度的冷色为退色，看上去能使人与物体的距离增加。同样的距离，暖色的顶棚比冷色顶棚会使人感到亲近些；同样，暖色墙比冷色墙使人感到亲近。

运用色彩的体量感可以改善室内空间大小的效果。体量感主要与明度有关。明度越低收缩感越强；明度越高，膨胀感越强。暗色柱子显得细，明色柱子显得粗就是这种原理的体现。

（二）利用石材的质感和纹理产生视觉效应

任何石材都具有其特定的质感及纹理。在石材装修中充分利用这两个特点可以创造出非常好的视觉效果。石材的质地易于加工，不仅可以很容易地加工成光面，也可以很容易地加工成毛面、亚光面、火烧面、火烧仿古面、酸洗仿古面、自然面、荔枝面、龙眼面、水冲面等各种质地的表面。这些不同质地的表面放在不同的装饰环境中可以取得完全不同的装饰艺术效果，而且这些装饰效果是很多装饰材料无法比拟的。光面的板材给人以细腻、婉约、温柔的感觉；自然面的板材给人以粗犷、雄浑、豪放的刚性之感。

利用石材的天然纹理，可以改变室内的空间形态，烘托某种气氛。石材的各种天然纹理是任何装饰材料都无法比拟的，在石材装修时如很好地利用石材的各种纹理，可以增加许多生动的装饰效果并可以改变空间的视觉尺度。利用石材的垂直纹理可以增加房间的视觉高度；利用水平纹理可以增加房间的宽度；粗犷或大图案的纹理会使人感到室内空间的狭小；细小或小图案的纹理会使人感到室内空间的扩大。直线、曲线以及由各种不同的石材按一定的几何形状组合成的图案都会给人不同的视觉感受和冲击，给人以丰富多彩的变化。

（三）利用石材装饰来创造视觉效应

常见的石材装饰产品如下。

（1）地面板。它有光面板、毛面板或其他表面形式的板材，视设计的环境所追求的具体效果而定。地面拼花有板材拼花，也有马赛克拼花，此两种的拼花具有不同的装饰艺术效果。板材拼花能给人以华丽、熠熠生辉的视感觉，马赛克拼花则给人以古典、古朴、雄浑之视感觉。

（2）装饰线条。它有直线和曲线的两种，这是利用几何形状的变化来创造一种形状视觉效应。

（3）圆柱弧板。它是用于包裹建筑圆柱结构或墙结构的石材产品，柱和墙体包装上弧面板后就好像给建筑体披上了一件外衣。

（4）石材壁画。它在建筑物的环境营造上能起到画龙点睛、渲染环境的作用，给人以非常高雅的艺术享受。壁炉是西方国家装饰室内环境最常用的一种石材工艺产品。

（5）风水球。一种借动力在水中能旋转的球。球转则风生水起，能给人带来幸运、繁荣，预示财源滚滚、吉星高照。风水球非常适合安装于重要的广场或大堂入口的显要位置，创造一种不寻常的人文景观。

（6）雕刻艺术品。一种传统而仍然深受人们喜爱的石材艺术品。这种石材工艺品不仅适合于室内装饰，也适合于室外装饰。

二、界面处理中的形态错觉矫正及应用

建筑和其他视觉艺术一样，对待视错觉，一是纠正，二是利用。有时为了避免一些由于视错觉而严重歪曲事实的情况，要对它设法加以矫正。人们在长期实践中认识到视错觉是无法排除的，因此对视错觉已不再是简单的纠正，而是巧妙地加以利用，在建筑艺术中常常如此。视错觉的利用对于建筑物尺度的确定与外观造型设计有着很大的意义。当然，在建筑设计中要估计到设计草图中高宽比例与实际建筑物的高宽比例之间的区别，比如大尺度物体的高低错觉比小尺度物体来得明显等。

（一）造型上的视觉纠正

视错觉普遍存在，不当的视错觉会干扰人对建筑物尺度、形状和深度的认识。如何纠正视错觉在建筑设计上有十分重要的意义和价值。

帕提农神庙（图
3-20）的建筑设计师为
求神殿形式的庄严、美
满和协调，他们对神庙
各部分的大小、粗细、
弯度及装饰上加以种种
精密的研究。他们的观
点认为几何学的线都不
正确、也不美观。因为
人的眼睛有错觉。比如绝

图 3-20　帕提农神庙

对的几何学的直线，有时看来是不直的，视觉上的不美观，必须利用视错觉原理来矫正。帕提农神庙的视错觉矫正主要有以下几个方面。

（1）帕提农神庙正面八根柱只有中央二根柱完全垂直，其左右六柱都向内倾斜。为什么这些柱子不全部垂直，而要这样呢？这是因为八根柱上面载有很重的石楣，实际下面的石柱也能担当这石楣的重量，不存在有危险的问题，但在感觉上，似乎柱的负担很重，难于胜任。假如把这八根柱都垂直地排列着，看起来就觉得石楣压迫下来，旁边的柱子都被压得向外分开，使人感觉危险、不安，这是一种视错

觉。为了矫正这种错觉，将两旁六根柱的上面向内收小些，以抵补错觉的向外分开。于是看起来八柱平行垂直了。但柱子的倾斜度极微，全长10 m的柱子，柱轴顶向内倾斜约8 cm。

（2）帕提农神庙的基石不是水平的，而是中部向上凸起成弧线的。这是感觉的关系。因为上方的石楣和石柱的压力很大，如果基石用几何的水平直线，则看去基石似乎压得向下凹，为了补足这种下凹的感觉，所以将基石中部向上凸起成弧线。这样看上去基石就是正确的水平的。但凸起的弧线的弯度，也是微乎其微的。殿前后屋基长31 m，其正中比两端凸起仅8 cm，左右屋基长69 m，正中比两端凸起仅10 cm。

（3）帕提农神庙的柱子，都用复杂的曲线包成。其曲线上方渐小，下方渐大。这种柱身的曲线叫做"减杀"。因为几何的平行直线，有中部细弱的感觉，使建筑物显出危险的状况，所以用曲线来矫正。石柱的头上必加曲线，其作用是使柱与楣的接合处柔和自然，好似天成。

（4）帕提农神庙的柱列，不是每条距离都相等的。全体各部的装饰也不是距离相等的（边角柱列的间隔显著减小；庙上各部的装饰，一般是越在高处，比例越大），他们根据观者的仰角大小而在设计上作了种种的长短广狭的变化。所以实际上各部大小并不均匀，而映入观者眼中时却十分均匀。

（5）帕提农神庙的石柱不是每条都一样粗的。两边上的较粗，中部较细。由光渗错觉可知，物体衬着明亮的背景时，看起来似乎细小些。反之，背景是黑暗时，看起来似乎粗大些。帕提农神庙两边的石柱的天空为背景，中部的石柱则以殿堂为背景，如果用同样粗细的柱，远处看时会觉得两旁的石柱细而中间的粗，很不美观。所以必须使两边的石柱粗一些，中间的石柱细些，以纠正错觉。石柱上面的小间壁大小也不一致，也是由背景的明暗而加减其大小的。此外，石柱的周围刻着细沟。每个石柱周围约20沟，沟的作用一是使柱增加垂直感，对造型上进行了强化，使柱子挺拔有力，增加了建筑的表现效果。二是希腊地处南欧日光强烈，光滑的大理石柱面反光太强，刺激人眼使视觉有不舒服的感觉，所以雕刻细沟以减少反光。三是利用雕沟加强了柱子的明暗差，柱子的体量有所杀减，显得格外挺秀。

　　帕提农神庙建筑设计的周密成熟，这种微妙的视觉矫正不仅弥补了建筑物的缺陷，而且增加了它的庄严、协调和完整。它体现出来的历数千年不变的，关于人的视觉形象构成的科学法则，对于我们的考查工作和设计工作具有十分重要的意义。帕提农神庙的精心设计和建造距今虽已两千四百年左右，但至今仍对我们的工作还有着很大的启发作用。

　　（二）光渗错觉的纠正

　　由光渗引起的白大黑小的光渗错觉在建筑视觉造型上有着广泛的应用。如天安门广场的人民英雄纪念碑（图3-21）在造型上就纠正了光渗错觉。柱子不是几何直线的，而是一条向外微凸的曲线。因为人民英雄纪念碑很高，天空为背景，由于光渗作用使柱子有向内收缩的感觉，使直线产生内凹。如果不作视觉矫正而用了直线，会使纪念碑缺乏雄伟气魄和造型美。另外，纪念碑浮雕上的小平台，也不是水平的，而是中部处理得略高些，以达到视觉上的水平感。如果做成水平的，在巨大的纪念碑重量影响下，会在视觉上产生内陷的感觉。杭州六和塔（图3-22）是我国古代砖木结构的著名建筑之一。它自下而上也是渐收曲线的，但感觉却是直线。这足以说明我国劳动人民的聪明才智和卓越技巧。

图3-21　人民英雄纪念碑

图3-22　杭州六和塔

建筑物的柱子与水平的梁相交处会产生圆角的视觉变形，而不是本来的方角。所以在处理建筑时，为了使柱子挺拔有力，往往采取收分，或收缩顶部，加大柱腰的办法来加以调整。中国传统建筑的柱子，西方古典建筑的柱子都采用过这种方法。

（三）变形错觉的纠正

视觉在其他线型各种方向的外来干扰或互相干扰下，对原来线型会造成歪曲的感觉。所以不论垂直与水平看起来都不会像几何学那样准确。对于建筑来讲，特别是处于视平线以上的较长水平线的两端，看起来会降低。

图3-23 天安门城楼及故宫房屋建筑

天安门城楼及故宫房屋建筑（图3-23）中屋面的角是向上略翘的，实际这也是人们在漫长的生活中渐渐发现，如果屋面下沿是平线的话会有下塌的感觉，屋顶的两端稍微向上翘曲可以纠正错觉。后来园林建筑中大部分楼、亭屋面角有意作了过分的夸张，形成特有的风格，当然这和我国古代文化中的飞翔意识也有着密切的关系。

（四）形态错觉在建筑视觉造型上的利用

1.远近错觉的利用

远近错觉一般是指物体近大远小，以及由于空气透视有近实远虚的错觉。人在三维物理空间中看到的物体由于透视产生了近大远小的关系。一般情况下，人们会根据体量来判断物体的远近，所以利用远近错觉可以改变建筑空间的视觉效果。

1）增加高度

罗马万神庙（图3-24）弯顶的凹格划分了半球面，凹格越往上越小，人站在神庙中央向上望时，则感觉弯顶比实际的要大、要高，弯顶中央象征天堂的大孔洞则显得那样的神秘和遥不可及，极大地增加了神庙的感染力与震撼力。从我国古代塔的建造上也能看到这一点。

例如，河南省嵩岳寺塔[1]的线型处理
同样不是简单的直线，而是在下层
（约占三分之一）直线后便逐层收成
一条优美的曲线，感觉很挺拔。而且
从下到上每层塔高在逐渐缩小以增加
高度感。上海的金茂大厦（图3-25）
也仿效古塔，厦身越靠上则分割越
短，处理越精细，有力地增加了其高
耸入云的气势。

图3-24　罗马万神庙

2）增加深度

在舞台设计与布置时，将舞台
的顶面与地面略向内倾斜，则会令
人感觉舞台深度比实际的要深。为
了增加深远感，将台阶的两纵边向
内倾斜形成梯形，人在看台阶时不
会注意两个纵边相互接近，会因为
透视而觉得台阶更长。如梵蒂冈教
皇接待厅前的大阶梯，台阶和侧墙
均向内斜，是运用透视原理来增加
空间深度的典型作品。

3）突出中心

与梯形台阶相反的是梯形广场的
设计手法：为了突出中心建筑物，将

图3-25　上海金茂大厦

广场的两纵边向外倾斜形成梯形，这是文艺复兴时期开始运用的手法。
一般沿梯形广场的两边修建高度相等的建筑，入口放在窄边，在它对面
广场的端头布置主要建筑。这样，侧边建筑物的灭点离开立面中心轴，
使广场显得比实际的更宽，而广场端头的建筑则显得更高大。

2.图底错觉的利用

图底错觉在建筑视觉造型上有着举足轻重的作用。知觉中，有形

1　河南登封嵩岳寺塔建于北魏正光年间（520—524），是中国现存年代最早的砖塔。嵩岳寺塔塔身呈抛物线型，塔
高约39.5 m，平面呈十二角形，底层直径约10.6 m，外部密檐分为15层。塔身四壁辟券门，门洞宽敞高大，塔身
每层各面均砌出拱形门和小窗，共计门窗500多个。嵩岳寺塔是中国著名的密檐式佛塔。密檐式塔以外檐层数多且
间隔小而得名。塔下部第一层塔身特别高，以上各层塔檐层层重叠，距离很近。密檐式塔都是实心，一般不能登临。
中国著名的密檐式塔除了嵩岳寺塔，还有北京天宁寺塔、西安小雁塔、云南大理千寻塔等。

与无边无际是一种相反的概念。明显的几何形与漫无边际、没有一定界限和模糊的物质存在的区分，就是图与底的区分。从这一观念出发，建筑中要重视重点与一般、前景与背景关系的分离。物象形成过程中，图形与背景的关系，在视觉过程中是十分重要的问题，它对人的感觉至关重要。如果物象的图与底处在临界状态，那么图底将发生转换现象。图底转换的关键在于注意力集中的所在。比如一个公园，场地、道路是次要的，而草坪、花坛、绿化是主要的，这就要使二者有一定对比度，绝不能等量齐观。

图底关系反映在建筑上就出现了疏密关系和一般与重点关系，空间层次上出现主体与背景关系。形象观察的特性，就是形象在背景的前面，反之，则背景被感觉在形象的前面。场地空间分配中，也有绿化、地面、林木等与建筑的比例关系，否则也不会给人以醒目的感受。目前的状况，广场是空的多，实的少；群体建筑是实的多，空的少。根据图底关系，二者要分出主从，把主体从背景中突显出来。

建筑规划中出现的点景、抢景、霸景问题，关键在于图底关系发生了矛盾。没有背景的衬托，主题显得孤立。主题过大超过了背景的承受力，则不能构成完美的形象。晴川阁[1]（图3-26）以龟山为背景，具有良好的景观。但美中不足的是，由于晴川阁体量显得庞大，龟山

图3-26 晴川阁

---

1 晴川阁又名晴川楼，位于武汉市汉阳区，坐落在长江北岸、龟山东麓的禹功矶上，北临汉水，东濒长江。晴川阁与武昌黄鹤楼夹江相望，江南江北，楼阁对峙，互为衬托，蔚为壮观，有"三楚胜景"之称。名冠四方的楼阁隔岸相对，在万里长江上唯此一处。晴川阁最早为明嘉靖年间汉阳知府范之箴在修葺禹稷行宫（原为禹王庙）时所增建，取崔颢《黄鹤楼》中的"晴川历历汉阳树"句意命名。晴川阁的历史虽然没有黄鹤楼、岳阳楼那样悠久，但由于其所居独特的地理环境、独具一格的优美造型以及诸多文人名士的赞咏，赢得了重要的历史地位，有"楚国晴川第一楼"的美誉。

不能起到背景作用，致使晴川阁在整体环境中显得孤立突兀。

德国一些古典教堂和乡村建筑屋顶上有"眼睛"的窗户，用各种积木造出极简主义的框架，将几何抽象块面与丰富的层次完美地统一起来，给人们提供一丝遐想的情趣。设计师利用起伏延绵的线条和逼真的眼睛造型，给人们带来奇妙的视觉体验。独特新颖，精致大气，又有一种特别的流动效果，随意而又不失优雅。这正是在屋顶设计中合理地应用图底关系的表现，十分恰当得体。

值得注意的是，小的纸面和大的实际建筑之间的差距。比如从分割错觉可知，横向分割会显高。但建筑则相反，横向线条显宽，竖向线条显高。又如凯旋门在图纸上是采用正方形构图，由于视错觉，我们看到实际建筑物时比图纸显得长度上高很多。因此在设计时必须要考虑到图纸与实际的差别，才能使视觉原理更好地为人们服务。

在长期的建筑设计和实践中，人们认识到视错觉的客观存在，从纠正它到利用它，经过了一个漫长的探索过程，并留下了许多经验与优秀作品，我们应珍惜这份宝贵的遗产，使之为现代建筑设计服务。

三、色彩错觉的视觉特性在界面中的应用

人们观察某一物像，首先刺激视神经的是色彩，色彩对人的视知觉生理特性的作用是第一位的。建筑是物质生活的一个重要组成部分，它除了为人们提供生产、生活等方面的使用功能外。同时还要供人们欣赏，给人以精神享受。建筑色彩同建筑形式一样，在很大程度上影响视觉心理。因此，界面设计作为一种物像之于视知觉，色彩是其设计中的一个重要因素。

（一）残像错觉的应用

残像错觉为色彩的空间混合、色彩的夸张与省略、统一与变化、具体与抽象的应用提供了依据。

根据这一原理，在现代建筑中，界面的材料必须注意保持整体效果，使材料在明度、色相上保持对比。因为在一定距离内多种色相并列在一起会出现其他色相。如在地铁隧道里的壁画，此时所需要的是强烈对比，因为观赏者速度较快，在色彩处理上可采用较强烈的对比色，如在色相、明度、纯度上进行强烈对比。

红与绿、黄与蓝、黑与白等是呈现对立关系的互补色。当我们注

视红色的物体，然后突然把红色物体拿开，开始很短时间内会出现淡绿色的互补色残像。由此可以看出，眼睛需要的是全色相，其中互补色的搭配是极为重要的。因此，当我们看到黑、白、灰时，视觉上会觉得很舒服。反之如果我们只看红色，看一会儿就觉得视觉疲劳，这时如果能看到其他绿色的时候，视觉感觉就会达到平衡。

（二）对比错觉的应用

对比错觉是指眼睛同时接受到不同色彩的刺激后，使色彩感觉发生相互冲突和干扰而造成的特殊视觉色彩效果，即"同时对比"。各种不同的色并列时，会产生色相、明度和纯度等种种变化。

色彩对比如果运用不当会破坏建筑的整体造型和文化语言。现代都市的许多建筑外墙是刷涂料，如果在颜色运用上不考虑对比错觉，会造成色彩不相协调，有的搭配还破坏了建筑原本和谐的形式。在色彩运用上应该遵循色彩的视觉生理特性。如大面积的色彩应该减少其纯度和明度，而小面积的则可增加其纯度。视觉上完全的互补色容易使人感到视觉疲劳，可以采用分离式互补色，比如三种色相的搭配中，两个色相可以是第三色相的补色的邻色。

在建筑色彩设计中，常应用色彩（主要是明度）来调节。比如为了增加室内明度而将顶棚、进深处的墙面及内走廊等光线不足的地方采用白色或明度高的色彩。中国古建筑的配色，墙、柱、门、窗多为红色，而檐下额枋、雀替、斗拱都是青绿色，晴天时明暗对比很强，青绿色使檐下不致漆黑，阴天时青绿色有深远的效果，能增强立体感。

（三）距离错觉的应用

色彩的距离错觉以色相和明度的影响为最大。暖色具有前进感，冷色带有后退感。利用色彩的进退感，可以调整建筑空间环境。

如某建筑群，主楼与大门口距离远而且狭长。为改变这一状况，可利用色彩的进退感将主楼的颜色改为米黄色，而将大门改为灰绿色。在视觉上就将主楼与大门入口的距离缩短了，取得了较好的效果。在建筑室内环境色彩设计时;利用色彩的这种前进和后退的效果，可以改变空间的感知大小。如大小相同的房间，在墙壁上涂暗冷色，墙面会感到后退而宽敞；若涂上明亮的暖色，墙壁则会变得抢前而狭窄（图3-27）。顶棚也是一样，若选用冷色系的颜色，由于后退，看起来会显得顶棚高些；若选用暖色系的颜色，由于抢前，而会感到顶棚低矮。

（四）重量错觉的应用

色彩的重量错觉，也是心理联想及经验造成的。色彩的重量感以明度影响最大，明度低的颜色感觉重，明度高的颜色感觉轻。同时，色相饱和的暖色感觉重，色相不饱和的冷色感觉轻。

图 3-27　暖色墙壁

这种颜色引起的物理性心理错觉，是艺术家或设计师常利用的手段之一。有一个生动的例子：1940年，纽约的码头工人因搬运的弹药箱太重而举行罢工，一位专家出了个主意，把弹药箱的重色改漆为浅绿色。弹药箱的重量并没有改变，但浅绿色的颜色使工人觉得它变轻了。罢工终于停止了，颜色提高了劳动效率。

在环境设计中常常要运用重量错觉。如机械设备的基座、各种装修台座、建筑中圆柱下部、室内墙裙、飞机、汽车、轮船的室内坐椅、地毯或外壳下部色彩，一般都采用较深的重感色，以达到安定稳重的效果。相反，车间内活动吊车、装饰灯具（如吊灯等，图3-28）、吊扇、天花板等宜用轻感色，以达到灵活、轻快的效果。

图 3-28　水晶吊灯

（五）疲劳错觉的应用

色彩的彩度很强时，对人刺激很大，使人易于疲劳。一般说，暖色系的色彩比冷色系的色彩更使人易于疲劳。绿色则不显著。许多色相在一起，明度差或彩度差较大时，也易使人疲劳。色彩的疲劳能引起彩度减弱，明度升高，色彩逐渐呈现灰色（略带黄）的现象，这种现象称为色觉的褪色现象，也叫色彩的疲劳错觉。

疲劳错觉在进行各种色彩设计时都应充分注意，以提高工作和学习的效率。特别是学习和休息等要求清静的场所，如果满眼是红红绿绿的鲜艳夺目的色彩就会使人感到眼花缭乱、心情烦躁。如果展览会和公园的布置也是这样，就会使人很不愉快，因而尽早离开这些地方。又如黑板，由于黑白对比太强，易使学生眼睛疲劳而致使近视。黑板最好使用墨绿色的毛玻璃，因为绿色疲劳感不显著，且毛玻璃不反光，有利于保护眼睛。标准乒乓球桌之所以采用墨绿色，也是这个道理。

在办公环境中应该有一定的色彩设计，才能更好地使工作人员保持旺盛的精神状态，减少疲劳感。反之，会使人工作不久就感到精疲力竭，降低工作效率，甚至发生事故。

除了上述色彩错觉外，迷彩是一种特殊的视觉效果，它是利用色彩特性所产生的心理、生理机能，改变物象在视觉上的真实反映。1914年迷彩在法国军队中开始使用，后来英国形成了立体派的伪装。在当代建筑中，特别是大空间和地下空间，为了达到类似地面上的空间效果，利用迷彩的原理，形成窗户、海洋、绿地，甚至有时还会达到以假乱真的效果。这在空间处理上可以说是另辟捷径。

有人将色彩称做"最经济的奢侈品"其含义是十分深刻的。色彩正是以惊人的魅力闯入人们生活的一切领域。它不仅能美化环境，而且能够提高工作效率。色彩错觉的研究与应用对建筑空间及环境的美观和谐有着深远的影响。

四、界面处理中视觉效应的设计原则

有一些视错觉是可以纠正的，但有一些视错觉是不可避免的。在室内设计中，我们要利用的，就是不可避免的那一部分。

（一）虚中见实

通过条形或整幅的镜面玻璃，可以在一个实在空间里面制造出一个虚的空间，而虚的空间在视觉上，却是实的空间。这一种视错觉的利用，也是室内设计师常用的。

（二）粗中见细

在实木地板或者玻化砖等光洁度比较高的材质边上，放置一些粗糙的材质，例如复古砖和鹅卵石，那么光洁的材质会越显得光洁无比。这就是对比下形成的视错觉。

（三）曲中见直

在一些建筑的天花板处理上，往往并不是平的，当弯曲度不是很多的情况下，那么可以通过处理四条边附近的平直角，从而造成视觉上的整体平整度。

在室内设计中，我们很多时候可能为了产生特殊或更佳的效果，也可能是为了改善某种缺陷而利用视错觉，但需要注意的是，视错觉的利用不能泛滥，大量地过分地使用视错觉，会引起视幻觉。

（四）矮中见高

这是在室内设计中最为常用的一种视错觉处理办法。方法就是在居室的共同空间中，把其中一部分做上吊顶，而另一部分不做，那么没有吊顶的部分就会显得变"高"了。

（五）冷调降温

当我们在厨房大面积使用一些深色时，那么我们待在里面，就会感觉得温度下降2～3℃，这就是冷调降温现象。

（六）适可而止

视幻觉就是视觉出现毫无事实根据的想象，它是一种不健康的视觉状态。例如我们在居室中大量地使用镜子，这面墙有镜子，那面墙也有镜子，镜子又分大大小小各种形状的拼块，这样过分的视错觉，就会扭曲人的正确判断，以至认为真的也是假的。人的眼睛就会出现持续不健康的视错觉，长期待在这种过分的视幻觉环境中，会引起健康问题，这必须引起注意。

同时，在室内设计中，使用视错觉，应对使用的处理作出正确的交代，要让人知道你是经过处理的，但又能不影响感知的享受，这就是视错觉利用的一个关键问题了。例如，我们在制造虚拟空间的镜子前面，做一个竖向或横向的木格加以切割，这就可以大大减轻对视觉的扭曲。

第四章　室内装饰的色彩设计与情绪情感

第一节　室内装饰的色彩设计

色彩是一种感情符号，也是一种旋律。作为设计者表达创意的重要手段，色彩是传达审美意识的具体表现。不同的色彩可以产生不同的心理感受，而色彩所引进的联想和感情，直接关系到环境气氛的创造。同样的色彩在不同的建筑环境中也可以产生不同的心理感受。比如室内色彩的使用，需要考虑到适当的阳光作用，阳光充足的地方多使用冷色调，以降低明度，光线不足的地方多使用暖色调以增强亲切的温暖感。在人们逗留时间短的共享空间中使用高明度、高彩度的色彩以增强热烈的气氛，在客厅、办公室等则要使用调和色以取得安定柔和的气氛，在高大的空间中则要以丰富的色彩层次，扩大视觉空间并加强空间的稳定感等。

色彩的层次多了，画面效果会不会显得不庄重典雅了呢？回答是否定的，绝对不会。色彩的丰富层次，不但不会削弱对主题的突出，而且会显得更加生动。在把握设计基调的同时，利用色彩的明度、饱和度和冷暖色来丰富画面，通过各种颜色间的叠压、掩映和重合，构成一个色彩的立体结构，使色彩不仅具备平面属性，同时具备立体属性，结合丰富的色彩层次构建一个多维的色彩空间。

色彩的表达离不开建筑装饰材料。通常人们认为只要按漂亮的色彩效果图施工就可以做出好的居住环境，却不知道人的视觉对于单纯色彩与材料固有的色彩之间的感受存在着巨大的差别。材料的色彩感受包含材料的质感与肌理，而单纯的色彩就不具备。另外材料的使用必须考虑自身的强度、耐磨性、耐久性和物理性能，以及触摸性能，这就使得材料的色彩设计远远难于纸面的色彩设计。

一、色彩设计的四个层面

建筑领域的色彩问题有其固有的规律。按照达到完美境界的不同，建筑色彩设计可以分为四个层面。综观欧洲和国内建筑色彩设计的历史和现状，均能包含在这四个层面中。

（一）简单地给建筑涂色

无论是出于功能或装饰的目的，给建筑涂色的历史应该和建筑史同样长。这种不经过周密设计简单涂色的做法，在2000年的北京非常普遍。由于人们对居住环境景观质量要求的提高，居委会开始涂刷已经脏、旧的住宅楼。但不少住宅的涂色因没有设计指南，操作者仅仅考虑怎样覆盖污迹，选用彩度很高的颜色，造成视觉污染。北京市政府及时组织专家讨论，借鉴东京的色彩规划方案，出台了《北京城市建筑物外立面保持整洁管理规定》，提出以复合灰为基本色的城市建筑色彩指南。但矫枉过正，北京平安大街又以单调的青灰色涂刷了整条大街两侧的建筑。可见，简单地给建筑涂色仅是建筑色彩应用的初级阶段，存在较多问题。

（二）用美丽的色彩构成设计来"包装"建筑

目前，我国大量的建筑色彩作品属于这个层面，效果不理想。有两个原因，其一，若色彩设计由色彩顾问完成，他虽有深厚的色彩构成功底，但对建筑的结构逻辑关系理解不透，缺乏空间、体量的概念。这种从二维角度设计的色彩，与三维甚至四维（指包含时间意义）的建筑只能是两张皮。其二，若建筑师进行色彩设计，他的色彩知识和实践经验有限，不能恰当地驾驭色彩为建筑服务。结果不是色彩与色彩的关系不对，就是色彩与建筑的结合不好。

中国当前色彩的教育和研究一直局限在美术学院和高校科研机构，在一线实践的建筑师离"色彩"却很远。近些年，人们对色彩的关注多了，但多数文章不是呼吁和感慨，就是感性的描述，给建筑师们造成的印象是色彩缺乏"技术性"。真正钻研色彩的人却发现专业的色彩书籍太"技术性"，色度学的理论与建筑实践有很大距离。解决这个问题的办法是色彩要走出象牙塔，向建筑师的群体大力宣传色彩的意义；同时，依靠"色彩建筑师"（对色彩有追求的建筑师群体）完成色彩与建筑的完美结合。

（三）色彩与建筑有机结合

古今中外的优秀建筑都成功地与色彩融为一体，色彩成为展示建筑美不可或缺的部分。

1.中国古代宫殿建筑

中国古代宫殿建筑成功运用了形状与色彩的关系（图4-1）。形

图 4-1　中国古代宫殿建筑

状与色彩是相辅相成的。立体主义画家对形状特别偏爱，就相应减少了色彩的数量；而印象主义画家则对色彩感兴趣，把形状解体。对于建筑来说，首先是由形状决定其表现力的。当根据形状决定着色，色彩与形状在表达中一致时，就有加强的效果。

中国宫殿建筑采用黄色琉璃瓦顶，屋顶虽然大而重，但黄色与屋顶类似三角形的形状相匹配，强化了无重量感。同正方形静止、庄重性质相适应的是有重量和不透明的红色。中国宫殿建筑中呈扁方形的墙由于采用了红色，虽然承托着大屋顶，但仍给人很匀称的印象。

同时，中国古代宫殿建筑还成功运用了色彩的空间效果和冷暖对比。在蓝色天空的背景下，黄色屋顶有显著的前进性，其与天空的冷暖对比加强了这个效果。屋顶挑檐下的蓝绿色彩画使檐口的梁仿"退后"，与天空、绿树融为一体，使得屋顶有轻盈、飘飞的感觉。蓝绿色正好符合人的视觉习惯，即对较暗环境中的蓝绿光最敏感。当你走近建筑，檐口下阴影里的蓝绿色彩画会吸引你的注意力，使宫殿有耐看的细节供人玩味。彩画中的描金是冷色背景中跳出的亮点，细部的冷暖对比强化了宫殿的华丽。

总之，中国古代宫殿建筑色彩运用的成功是个综合效应。它在完成保护木构结构的任务的同时，也与建筑形式做到完美结合，是色彩在建筑中有存在价值的例证之一。

2.国外建筑大师的创作

第一代现代主义建筑大师勒·柯布西耶是个全面的天才建筑师，他的作品不但在形式、空间，而且在色彩方面都很杰出，是色彩与建筑有机结合的又一例证。

勒·柯布西耶在1928年设计的萨伏伊别墅，以提出并示范了"新建筑五点"而著名。当你身临其境，你会发现它的成功并不仅仅是"新建筑五点"，它用色彩把形、光、空间巧妙地融为一体。它的外立面给人白色的整体印象，但仔细观察你会发现，在底层后退的维护墙上，勒·柯布西耶用了暗绿色，使得本来在空间上已经后退的墙体在视觉上后退更多，与周围大片的绿色景观连成一片。走进萨伏伊别墅，你会惊诧于色彩与形和光的结合是如此完美。在空间的六面体中，向光的、需要强调光感的面施以暖色，背光的、需要强调阴影的面施以冷色。在有天光泻下的墙面用彩度较高的蓝色强调戏剧化效果。色彩在别墅内是个线索，结构的逻辑关系通过色彩表达得淋漓尽致。门及门框、窗框、窗台板侧边、栏杆、柱子等凡是需要表达"结构框架"的部分均涂上深褐色（一种勒·柯布西耶建筑色谱中的常见色），连续的深褐色横线条把用色丰富的室内统一了起来（图4-2）。

解构主义的经典之作——拉维莱特公园（图4-3）也用色彩表达了结构的逻辑，点、线、面和色彩共同作用，把大面积的公园连为一体。散落在公园的红色的"点"是最突出的。细看每个构筑物也会发现，发挥不同功能的构件有不同颜色，色彩强调了功能构件间的区别与联系。比如，立杆是浅灰色，横向梁架是深灰色，顶棚材料是蓝色，白色檐口强调了曲线的屋顶。色彩与建筑的有机结合是拉维莱特公园成功的一个重要原因。

勒·柯布西耶的另一作品——巴黎大学城的巴西学生公寓，再一次展示了他驾驭色彩的天分。建筑主体的向阳面是凹阳台及其栏板，色彩的运用打破了单调。勒·柯布西耶在凹阳台的顶、侧墙施以不同色相、不同明度的高彩度色，黑色顶棚的阳台比白色、黄色的看起来更深远，红色、绿色墙面的阳台也比白色、灰蓝色的显得更宽阔。色彩前进、后退的空间效果改变了建筑的空间感觉。

朗香教堂是勒·柯布西耶成熟期的著名作品，他再次成功应用了色彩。虽然他说过，"室内、室外处处皆白"，但情况并非如此。在室内，勒·柯布西耶将彩度很高的原色和间色用在玻璃窗和小礼拜堂中，增加了空间趣味，创造出神秘的宗教氛围（图4-4）。在室外，他用白色的粗糙墙面衬托光滑的素混凝土屋顶，因为明度的强烈对比，屋顶看起来黑且重，强调了教堂独特的形体。

图 4-2　萨伏伊别墅

图 4-3　拉维莱特公园

图 4-4　朗香教堂的彩色玻璃

　　1976年轰动一时的巴黎蓬皮杜国家艺术与文化中心是色彩与建筑有机结合的一个典型。它没有人们意识里文化建筑的通常外貌、安静环境和使人肃然起敬的气氛。它展现的是"高度工业技术"倾向，它的形象与内部展出的现代艺术作品非常和谐，其建筑的色彩起了很大的作用。红色、绿色、蓝色、黄色涂刷在不同管线上，分别代表交通、供水、空调、供电的不同功能系统，真实地反映了建筑逻辑，又是艺术表达的良好载体。

　　巴黎16区的一个20世纪初的建筑，在黑白照片中看起来并不出色，但当你站在它面前时，你却明白为什么它会在《巴黎当代建筑导引》上占如此大的篇幅。原因当然是因为色彩！它的建筑师认为，建筑是个由门廊、阳台、楼梯间等体块组成的雕塑，它们的关系比构造细节更重要。彩度很高的红色被用在了楼梯间飘起的屋顶下，强化了这个竖向体的视觉中心作用，可谓画龙点睛。

　　古今中外的优秀建筑和各国建筑大师们的创作影响了一代代建筑师。但建筑师们对他们的学习更多地局限于形式和空间的处理上，忽略了色彩这一点睛之笔。这可能也是大师们的高妙之处吧。在对完美追求的原动力下，建筑界专业分工日益细化。不少建筑师组织自己的团队，通过协作，共同完成一个建筑项目的设计，也能达到大师的境界。为成功使用色彩这一工具，达到色彩与建筑有机结合的目的，"色彩建筑师"是团队中不可缺少的成员。

（四）色彩与城市、自然、人文景观完美结合

前三个层面从建筑单体角度考虑得较多，第四个层面则从更大的范畴着眼，追求建筑与其存在环境的整体和谐。

早在20世纪60—70年代，法国色彩学家让·菲力普·郎科罗[1]就提出"色彩地理学"的理论，即在"新地理学"的基础上，从地缘及其文化学的角度来审视、考察和研究色彩及其相关问题。这个理论归纳并提升了地方色彩景观特质，促进了新开发城市的色彩规划，是有历史积淀的城市发展的理论指南。

在欧洲，城市设计并不只停留在理论界和设计图纸上，他们有专门的机构严格执行城市设计的成果，巴黎13区的SEMAPA公司就是这样的机构。在SEMAPA你会经常听到的话是"这个建筑本身设计得优秀与否并不重要，重要的是它对城市有利"。每个建筑师的城市整体意识都很强，他们在区域的城市设计总建筑师协调下做设计。单体的色彩设计也是如此，由专门的色彩规划建筑师协调控制。

在理论的指导和实践的控制下，欧洲的城市都有各自独特的色彩景观特质，整个城市和谐统一，给游客留下深刻的整体印象。

巴黎是以城市保护成功而著称的大都市，市区以19世纪建筑为主，即使有些建筑内部的功能已经改变，外立面却很好地保留着。由老建筑铅皮屋顶的浅灰色和石材墙面的米黄色形成的高明度、低彩度调子是城市的主色调，新建、扩建的建筑严格延续这一色调。虽然现代建筑材料改变了，形式不同了，但巴黎的优雅依然在色彩中延续着。俯瞰巴黎，你会发现，在灰色、米黄色的"底"上，蓬皮杜中心、埃菲尔铁塔等现代建筑以鲜艳的色彩和现代的形式成为"图"。巴黎城市独特的图底关系成功解决了继承历史与发展现代化的矛盾，色彩在其中起了重要作用。

南希是法国的一个中等城市，是"洛可可"的故乡。走在小城的

---

1 朗科罗教授是现代"色彩地理学"（La Geographe de La couleur）学说的创始人。他是世界上第一个从色彩角度向发达的工业社会提出保护色彩和自然人文环境的人，他用大量实证的材料论证了色彩在地理、文化背景上形成的差异及其价值，使之上升为理论，并自成体系。他的理论越来越被当今的社会文化学、民俗文化学、环境保护、都市规划、现代工业设计、国际性的流行色等领域的专家所认同，越来越受到重视。

街道上,你会惊诧于此地的居民和油漆工有如此高的艺术修养。无论是墙面、窗框、门楣都由微妙的粉绿、浅灰蓝、浅米黄、肉粉等色组成,点缀彩度较高但更加难以形容的复合红、复合绿。这些颜色照相机很难正确捕捉。城市的洛可可式色谱与建筑的亲切尺度非常和谐。

法国的图卢司是在蓝天背景下的红色城市,大尺度的建筑与彩度较高的暗红色建筑很相配。意大利罗马城的主色调是由古代建筑决定的暖红色、暗黄色,给人焦枯的印象。罗马城市的现代化进程似乎由于历史

图4-5 罗马城

的重负而受阻,使得焦枯感更强。罗马帝国特有的王者风范决定了其城市建筑的大尺度,用焦枯感的暖色系表达似乎再恰当不过了(图4-5)。这就是"色彩地理学"指出的地方色彩景观特质,它是自然和社会诸因素的色彩表达。

美国多个大都市也有显著的地方色彩景观特质。如华盛顿的灰白色调创造了首都的明朗和大气;暗红色充满历史感的波士顿烘托出世界名校的学术氛围;暗浊色系的芝加哥适应了其金融的功能。虽然城市的建筑形式、材料不同,但色彩景观特质统一并强化了城市的个性。

综上所述,我国建筑领域的色彩设计还处于较低级的阶段,无论从单体还是城市角度看都需要做大量的工作。一方面,我们应大力宣传和推广色彩的作用和知识,提高色彩在建筑领域的行业认知度;另一方面,应进行城市色彩规划并立法控制,单体设计要有专业的色彩方案,提倡、鼓励有"色彩建筑师"参与的建筑团队的工作模式。

二、室内装饰的色彩设计

(一)充分考虑建筑色彩的人文特征

当色彩的联想、象征,上升到文化层次,便形成民族和个体之间的种种差异。色彩的审美意识和审美心理受地域、民族、宗教、文化

传统、社会进步程度的影响，形成相应的建筑色彩文化。

1.建筑色彩与地域的关系

不同的气候和自然环境对建筑的色彩有一定的影响。在南方，气候炎热，多青山绿水，花木茂盛，宜用高明度的中性色或冷色。在北方，天气寒冷，天色灰暗，沙尘较多，多用中等明度的暖色或中性色，并饰以一些鲜艳的色彩作点缀，但整体色调仍保持沉稳厚重的风格。

2.建筑色彩与民族心理和风俗习惯

各个国家各个民族由于社会文化、自然环境、传统习惯不同，对色彩也各有偏好。黄色在中国封建社会和古代罗马历来受到帝王的尊崇，象征尊贵和权威，但在伊斯兰教国家却象征死亡。绿色在很多国家都代表和平的美好寓意，广泛受到欢迎，而法国人却不喜欢，因为墨绿色会使他们联想到纳粹的军服。每个国家、每个民族由于其发展演变的历史不同，对色彩赋予了不同的象征意义，建筑用色应充分考虑色彩在不同的国家和民族中所寄托的情感内容和心理作用。

3.建筑色彩与宗教文化

透过宗教建筑不难看出，色彩所体现出的宗教观念。我国的佛教庙宇大多呈红色（图4-6），隐现于山间林海，与佛教幽远、静逸、脱俗的精神境界相符合。西方哥特时期的教堂，大量运用五彩玻璃，透过阳光的照耀，极富浓厚的宗教色彩。

图4-6 五台山

4.建筑色彩与环境相协调

建筑色彩设计要考虑建筑与周围环境的关系。这里所说的环境，不单指自然环境，还包括人文环境。自然环境主要指建筑周围的山水及自然风光，人文环境包括民居、古建筑、商业区等。在组织建筑色彩时，要尽可能使建筑与环境和谐统一，彼此尊重，达到协调一致的色彩效果。

（二）色彩规律的运用

色彩的搭配应遵循美的规律。建筑师将不同的色彩进行有效组织、搭配的同时，离不开对色彩规律的掌握，色彩规律中运用最多的便是对比与调和。

1.色彩对比

对比能强调个性，表现特征，给人以生动、活泼、新鲜、强烈的印象，能增添作品的情趣。在现代建筑中，色彩的对比可以有色相对比、明度对比、纯度对比、面积对比、冷暖对比、虚实对比；也可有色块形状、质感、光感的对比。通过对比作用，可以带来丰富的视觉效果，形成富丽华贵、热烈兴奋、欢乐喜悦、文静典雅、含蓄沉静、朴素大方等不同的色彩情感。

2.色彩调和

色彩调和的运用使建筑具有稳定、和谐、舒适、愉快之感。调和的手段有：同色调和、邻色调和、对比调和、间色调和。色彩调和的运用有利于建筑之间加强联系，表现整体的统一感。

（三）建筑色彩的造型形式

建筑色彩造型的基本图式，归纳起来大致有点式、线式、面式、综合式等几种形式。色彩的形式是反映建筑特征最直观的手段，它从整体形象中反映建筑的视觉效果。

1.点式

小面积色块在建筑形体表面分布成点状的构图。点的造型生动活泼，具有跳跃感，能起到活跃气氛，强调主体的作用。点的分布可以是规则的，也可以是自由的。规则带来秩序，自由带来灵气。利用点的形状、对比、分布状态可调节立面的构图关系。在具体设计中，一般综合建筑的小部件来设计，如：门、窗、阳台、雨棚、通风口灯具等。

2.线式

色彩在建筑形体表面的分布呈线型，多带状的构图。线具有强烈的节奏感、律动感，有方向性。线型因粗细曲直的不同带来不同的情感性格。水平线平稳、舒展；垂直线挺拔、强直；曲线柔和、优美；斜线具有不安定的势态。丰富的线型变化可带来较好的建筑立面效果。

3.面式

由较大面积的色块组成的构图，造型效果鲜明，对比强烈，在群体环境中，面型图式有较强的影响力。在具体设计中，面的色彩设置常常结合单元划分，功能分区和体面转折的需要，也可从纯粹的美观角度出发考虑。

4.综合式

点、线、面的构成方式常常不是孤立的，大都需要根据实际情况进行综合运用、合理选择、有效取舍，创造出新颖、独特的图形样式。

（四）遵从建筑功能

正确的运用色彩，对表现建筑的功能，反映建筑特征至关重要。设计师应根据建筑的性质和功能，选择适当的色调作为空间色彩设计的主题，创造出最佳的视觉效应，使人们置身于舒适的环境中，保持身心的最佳状态。

如教室环境色彩的总体要求是色调简洁明快，采光充足合理，用光均匀，在视野范围内不得产生眩光。为了保证教室的明亮宽敞，天棚多采用白色，墙面宜采用浅灰色系，能给人以清新、淡雅、明快之感。医院的环境以及色彩的装饰应有利于病人的康复。因为白色在心理上具有清洁卫生的特点，因此白色是医院选择的传统色彩，但白色也不是唯一的用色。医院室内环境色彩设计满足明快、安静、温馨、清洁、安全的原则即可，病房可根据不同的病人和病情的治疗需要施以不同的色彩。同时，绿化在医院环境色彩中具有重要作用，它能起到特殊的辅助治疗效果，使人心旷神怡，精神振奋，有利于病人的修养康复。幼儿园的设计多采用活泼鲜明的对比调，色彩搭配丰富鲜艳，以满足儿童的视觉习惯。商业空间色彩必须醒目，富于记忆性和可读性。色彩搭配要起到烘托渲染商业气氛的效果，以吸引顾客的视线和激发消费者的购买欲望。商场的环境色彩设计应注意总体协调性，根据不同商品的不同使用功能、经济价值，变化其展示形式和色彩装饰，使商品色彩增辉（图4-7）。餐饮色彩环境必须满足饮食功能的需要，有利于增进食欲，为顾客营造舒适

图4-7　商场的环境色彩设计

的用餐环境和人际交流的气氛。色彩一般以具备味觉联想并能刺激食欲的黄、橙、红、咖啡、奶白等色调为主。居住区的色彩设计应美化生活环境，追求轻松、舒适、温馨的情调。工业建筑的色彩设计则应将提高生产率，保证安全生产，激发工作热情作为主要的考虑因素。

第二节　情绪和情感概述

情绪和情感是人对客观外界事物的态度的体验，是人脑对客观外界事物与主体需要之间关系的反映。

首先，情绪和情感是以人的需要为中介的一种心理活动，它反映的是客观外界事物与主体需要之间的关系。外界事物符合主体的需要，就会引起积极的情绪体验；否则便会引起消极的情绪体验，这种体验构成了情绪和情感的心理内容。

其次，情绪和情感是主体的一种主观感受，或者说是一种内心的体验。它不同于认识过程，因为认识过程是以形象或概念的形式来反映外界事物的。

再次，情绪和情感有其外部表现形式，即人的表情。表情包括面部表情、身段表情和言语表情。面部表情是面部肌肉活动所组成的模式，它能比较精细地表现出人的不同的情绪和情感，是鉴别人的情绪和情感的主要标志；身段表情是指身体动作上的变化，包括手势和身体的姿势；言语表情是情绪和情感在说话的音调、速度、节奏等方面的表现。表情既有先天的、不学而会的性质；又有后天模仿学习获得的性质。

最后，情绪和情感会引起一定的生理上的变化，包括心率、血压、呼吸和血管容积上的变化。如愉快时面部微血管舒张，害怕时脸变白、血压升高、心跳加快、呼吸减慢等等。

一、情绪和情感的区别和联系

为区别于认识过程，人们把对客观事物态度的体验叫做感情。但是，感情这一概念比较笼统，它难以表达这一心理现象的全部特征。为了区别出感情发生的过程和在这一过程中产生的体验，人们采用了情绪和情感的概念。实际上情绪和情感指的是同一的过程和同一的现象，只是分别强调了同一心理现象的两个不同的方面。

　　情绪指的是感情反映的过程，也就是脑的活动过程。从这一点来说，情绪这一概念既可以用于人类，也可用于动物。情感则常被用来描述具有深刻而稳定的社会意义的感情，如对祖国的热爱，对敌人的仇恨；对美的欣赏，对丑的厌恶等。所以情感代表的是感情的内容，即感情的体验和感受。和情绪相比，情感具有更大的稳定性、深刻性和持久性。

第三节　室内装饰中的色彩心理学

　　建筑的形象通过形式、质感和色彩三要素来表达，其中色彩是最具造型活力、视觉冲击力和表现力的因素。色彩的运用不仅体现建筑的人文特征，反映城市的时代风貌，也是历史发展的见证。建筑的色彩能引人联想，产生更高层次的审美需求，它和众多因素相互作用，共同影响建筑的表现形式。因此对建筑色彩的表现规律及应用形式的研究具有重要的现实意义和启迪作用。

　　色彩是设计中的重要语言和因素，也是设计心理学功能表现的突出方面。设计者总要找到一种与自己内心情感力的结构相一致的表现形式，传达自己的内心感受，通过设计作品将情感转化为可视的形式。在设计中巧妙地应用色彩感情的规律，充分发挥色彩的暗示作用，更能引起大众的广泛注意和兴趣，容易产生种种联想和想象。在这种感受和理解的基础上产生并显现出一种认识的主动、积极的心理活动。

　　色彩能够激起我们自然而无意识的反映的想象。记忆、感觉、文化等因素也会影响我们对色彩的解读，这是色彩的心理暗示在起作用。因此利用色彩心理是色彩设计方法中同样具有神奇的魅力的魔法之一。我们对色彩做出的反映，不是单纯的视觉或者理性分析的结果。色彩能产生联想。它能使情绪激动、振奋、平缓和焦虑。对于一种颜色，我们可能产生亲近感或者抗拒感。色彩的搭配会影响或者改变我们的空间感。色彩具有复杂的象征意义，文化不同，色彩的含义也会明显不同。这些重要的作用激发了绘画和设计创作。色彩效果是如何形成的，色彩心理是根本因素，人们观察色彩往往带着自己的感情色彩，并把它赋予到每一种颜色里面，仿佛色彩自己也能具有某种个性特点。如果问"希望是什么颜色的",大多数人会回答"绿色",同时绿色还有暗示毒药、镇定的效果。再如中国民间补色的运用被发挥得淋漓尽致,大红大绿的色彩对比表达了人们单纯又热烈的色彩心理。

一、建筑色彩概述

(一)建筑色彩的发展

从古至今,建筑色彩的发展随着社会生产力、生产工艺、施工技术的进步,经历了一个由简单到复杂,由单调到丰富,由自然到人工的过程,并达到相当高的水平。远在战国时期,建筑木构件上不仅使用了色彩,而且还涂上油漆加以保护。秦朝的彩绘有了进一步的发展。汉代将色彩与阴阳五行理论相联系,并用色彩代表五行及方位。魏、晋、南北朝时期,佛教传入,彩绘和雕刻技术日趋完美,色彩辉煌夺目,丰富多彩,即使是同种颜色也有深浅明暗变化,琉璃瓦开始出现,呈黄绿色。到了唐代,建筑、雕塑、绘画都达到了相当的水平,建筑木结构外露部分都用朱红,墙面用白粉,采取赤红与白色组合方式,红白衬托,鲜艳悦目,简洁明快。宋元时期,建筑色彩注重清淡高雅、表现品位,强调色彩的冷暖变化,重视色彩的整体构图与局部的映衬关系。明、清时期建筑色彩的等级区分更加明确,清代的宫殿、庙宇色彩丰富绚丽,多用油漆彩画装饰,青、绿、红等色运用广泛。而同一时期的民间建筑则尽显质朴、淡雅的风格。

在西方,古希腊时期的建筑成为当时的艺术中心,建筑色彩明快、艳丽、华贵。古罗马时期建筑装饰奢华,用色亮丽、耀眼,黑、白、金、红、蓝、绿、褐色已广泛运用。中世纪拜占庭艺术,源于地下室宗教文化,故色彩沉稳,庄严神秘。12世纪中期哥特式建筑色彩装饰走向华丽、柔美,多用红、橙、绿、土黄、黑、白等色,彩色玻璃和马赛克镶嵌使用,使教堂神秘变幻的气氛与宗教的精神境界较好地融为一体。文艺复兴时期,色彩科学理论日益发展,配色更加大胆,对比逐渐强烈,这些色彩效果不难从巴洛克风格的代表作凡尔赛宫中寻找出来。洛可可时期常用金、银、灰、淡蓝、草绿、紫灰等色作为建筑的色彩装饰,呈现出浮华、矫糅的胭脂味。近现代,随着科学技术的发展,产生了色彩调节技术,建筑更加讲究科学用色,色彩从心理学、生理学、工效学方面为建筑服务，给人们提供了合理、舒适的生活环境。

（二）建筑色彩的作用

建筑色彩的出现不全是为了美观，在文化发展的早期，一切都附着于社会体制中，更多的是表达象征的意义。比如古代中国的建筑色彩里朱红色就象征着富贵与权势。在象征意义之外，同时也具备了一定的实际功能。殷周时期发明白灰，乃因土墙需要掩护之故，同样地，木材上加油漆可以避免雨水渗漏，以维持木材寿命，瓦面上釉，同样可以保护瓦质，不必很快更换。这些早期的简单功能，可视为人工色。越到后来，技术越进步，色彩应用越普及。因此，由于功能上的需要，也渐渐把早期的象征性色彩，发展为美观的建筑色彩。

1.物理作用

建筑色彩的物理功能主要指建筑热工方面的作用。不同色彩明度的物体对光线的反射率存在一定的差别，明度高的物体，反射率高，吸热量小，而明度低的物体，反射率低，吸热量大。根据这一原理，设计方案时，色彩也可作为调节温度的因素之一加以考虑。

2.标志作用

色彩在建筑中起着区分、标志和强化的作用。它可以传达出多种信息，区分功能、结构、部位、材料，表明用途，划分空间，引导视线。个性化的色彩形成明显的标志，使人们能够准确辨认建筑，并留下深刻印象。

3.装饰作用

色彩作为美化建筑的手段，古已有之，它能传达感情、营造气氛。通过色彩的装饰，建筑既可与环境相融合，也可在环境的衬托中更显突出。色彩还具有掩饰缺陷、调节比例、伪装外形的作用。

4.情感作用

色彩的情感作用是基于人们对色彩的生理、心理反应而逐渐形成的。色彩能引起人的冷暖、轻重、软硬、远近等方面的心理感受，并能通过心理反应作用于人的生理，产生相应的生理变化。如红色具有温暖感，让人联想到阳光、火焰，能使血压升高、脉搏加快、心理兴奋。蓝色、绿色和紫色可使人联想起天空、海洋及物体的阴影，带来幽雅宁静，凉、暗的感觉，可使血压降低、脉搏减缓，在心理上能起镇静作用，并能消除紧张情绪。高明度、低彩度、偏暖的色彩可以给人轻松、愉快、明亮、舒适的视觉感受，而偏冷的色彩能创造出理智冷静的氛围。色彩往往和特定的联想和意境联系在一起，产生情感方面的作用和心理暗示效果，色彩的丰富内涵和象征意义表现出建筑的个性、品质特征，激发人的情感联想，营造出各种不同的气氛。

二、色彩对情绪情感的影响

视网膜上的锥状细胞，除了能够感光认知外，还有感觉分辨色彩的功能。心理学家和美术家一致认为颜色对人的心理状态有着特有的神奇作用，可以影响人们的知觉、心理与情感。如白色使人联想到纯洁；红色让人有一种勇敢的冲动；蓝色调来自天空、大海，它使人感到心胸开阔，使人受到诚实、信任与崇高的心理熏陶；绿色是大自然的颜色，常常给人一种祥和博爱的感受，它能令人充满青春活力……我们日常生活中的衣、食、住、行等等都离不开色彩，色彩艺术对人的心理健康的影响是不容忽视的。

俄国画家、美术教育家康定斯基把人们对色彩的感受分为色彩的直接性心理感应和色彩的间接性心理感应。前者是客观性的直观效果，是色彩的固有感情；后者是以对色彩的联想为媒介知觉于人的感受。这两者往往是同时存在的，有联系，又有区别。

（一）色彩的直接性心理感应

由色彩表面直观的物理性感应发展为某种心理的体验，称为直接性心理感应。色彩作用于人时产生一种单纯性的心理感应，是由色彩的固有感情导致的。这种直观性的刺激左右着我们的思想、感情、情绪。为了把色彩的表现力、视觉作用及心理影响最充分地发挥出来，达到给人的眼睛与心灵以充分的愉悦、刺激和美的享受这一目的，我们就必须深入研究色彩的精神和情感的表现价值。

（1）红色：红色的波长最长，又处于可见光谱的极限，最容易引起人的注意，使人兴奋、激动、紧张，同时给视觉以迫近感和扩张感，称为前进色。红色还给人留下艳丽、芬芳、青春、富有生命力的印象。红色又是快乐、喜庆的象征，因此它在标志、旗帜、宣传等用色中占据首位。

（2）橙色：橙色的波长居红与黄之间。瑞士色彩学家约翰内斯·伊顿说："橙色是处于最辉煌的活动性焦点。"它在有形的领域内，具有太阳的发光度，在所有色彩中，橙色是最暖的色。橙色也属于能引起食欲的颜色，给人香、甜略带酸味的感觉。橙色又是明亮、华丽、容易动人的色。

（3）黄色：黄色的波长适中，它是所有色彩中最明亮的颜色。因此给人留下明亮、辉煌、灿烂、愉快、亲切、柔和的印象，同时又容易引起味美的条件反射，给人以甜美感、香酥感。

（4）绿色：绿色的波长适中，人的视觉对绿色光反应最平静，眼睛最适应绿色光的刺激。绿色是植物王国的色彩，它的表现价值是丰饶、充实、平静与希望。

（5）蓝色：蓝色光波短于绿色光，它在视网膜上成像的位置最浅，因此，当红橙色是前进色时，蓝色就是后退色。红色是暖色，蓝色是冷色。蓝色表现于精神领域，让人感到崇高、深远、透明、智慧。

（6）白色：白色是全部可见光均匀混合而成的，称为全色光。还是阳光的色，是光明色的象征。白色明亮、干净、畅快、朴素、雅洁，在人们的感情上，白色比任何颜色都清静、纯洁，但用之不当，也会给人以虚无、凄凉之感。

（7）黑色：从理论上看，黑色即无光，是无色的色。在生活中，只要光照弱或物体反射光的能力弱，都会呈现出相对黑色的面貌。黑色对人们的心理影响可分为两类。一是消极类，例如，在漆黑之夜或漆黑的地方，人们会有失去方向、阴森、恐怖、烦恼、忧伤之感；二是积极类，它显得严肃、庄重、刚正、坚毅高贵。在这两类之间，黑色还会有捉摸不定、神秘莫测、阴谋的印象。

（8）灰色：灰色居于黑与白之间，属于中等明度及低彩度的色彩。它能给人以高雅、含蓄、耐人寻味的感觉；如果用之不当，又容易给人平淡、乏味、枯燥，甚至沉闷、寂寞、颓丧的感觉。

不同的色彩给人的感受不同，这种感受有普遍性，也因经历、性格、修养、习惯的差异而有所不同（表4-1、表4-2）。

表4-1　人们对色彩的一般性感受

	听觉	触觉	味觉	嗅觉
红	热闹、噪声	烫热、粗糙	辣、五香味	艳香、烧焦
橙	嘹亮、悲壮、呜咽	发烧、暖和	酸辣、苦涩	浓香、泥土味
黄	明快、悠扬	光滑、柔弱	甘甜、乳酪、醋	清香、橄榄
绿	清晰、柔和、平静	轻松、凉爽	酸涩、香油	新鲜、薄荷味
蓝	和谐、稳重、优雅	冰冷、硬	生涩、清泉	原野香、鱼腥味
白	宁静、肃静	清洁、平坦	无味、平淡	桂花香、清香
黑	沉重、浑厚	摸不着、厚硬	焦苦	煤炭、黑烟
灰	沙沙响、消沉声	无光泽	水泥味、铅味	灰尘、夜来香

表4-2　色彩喜好间接反映出的个性特点

红	性格耿直、反应敏锐快速、富占有欲、容易不满而迁攻、自以为是、好高骛远、性格易变
橙	自我意识强、有冲劲儿、个性顽强、不易妥协、性急、容易生气、自尊心强、成熟、不易被迷惑、物欲少
黄	性情开朗、积极、坦白、一切感觉新鲜、好虚荣、缺少自我抑制、依赖性强
绿	勤劳、进取、有条理、好胜不屈服、与人相处和谐、自信、责任心强、好静、气质佳
蓝	沉默、富幻想、消极孤僻、淡泊名利、爱理论、超现实、性情常不安
白	性情善良、天性孤独、表面冷漠、心性温和、有洁癖、刚愎自用、易犯自闭症、富警戒心
黑	性格刚强、耿直、性情善良、不易迁就现实、精神常急躁不安、孤僻不易合群、自卑感与自尊心常纠葛不清

（二）色彩的间接性心理感应

间接性心理感应是由人们对色彩基本性质的直接性感受中，派生出的另一种更为强烈的感受，它是由色彩产生的联想为媒介知觉于人的间接性心理体验。色彩的联想又分成两类。

1.具象的联想

具象的联想是指人们看到某种色彩，引起对某种具体事物的联想。如看到红，想到太阳、花、血、火焰；看到黑，想到黑暗、墨；看到黄，想到柠檬、月亮；看到绿，想到树叶、草地；看到蓝，想到海洋、天空；等等。

2.抽象的联想

抽象的联想是指人们看到某种色彩，不是联系到某种具体的事物，而是形成一种抽象的概念。色彩不仅使人产生冷暖、轻重、远近、明暗的感觉，而且会引起人们的诸多联想，比如：

红色，是血的颜色，很容易使人想到热烈、美丽、吉祥、活泼和忠诚，也可以使人想到危险、卑俗和浮躁。在所有的颜色中，红色最富有刺激性，接触红色过多，会感到身心受压，出现焦躁感，甚至出现筋疲力尽的感觉。因此没有特殊情况，起居室、卧室、办公室等不应过多地使用红色。

黄色，古代帝王的服饰和宫殿常用此色，能给人以高贵、娇媚的印象，可刺激神经系统，使人们感到光明和喜悦，还有助于提高逻辑思维能力。但是大量使用金黄色，容易出现不稳定感，引起行为上的任意性。因此黄色最好与其他颜色配用于家居装饰。

绿色，是森林的主调，富有生机，可以使人想到新生、青春、健康和永恒，也是公平、安静、智慧、谦逊的象征。它有助于消化和镇静，促进身体平衡，对好动者和身心受压抑者极有益。自然的绿色对于克服晕厥、疲劳和消极情绪也有一定的作用。

蓝色，使人联想到碧蓝的大海，抽象之后则使人想到深沉、远大、悠久、理智和理想。蓝色是一种极其冷静的颜色，它还能缓解紧张情绪，缓解头痛、失眠等症状，有助于调整体内平衡，使人感到幽雅、宁静。但从消极方面看，也容易激起阴郁、贫寒、冷淡等感情。

另外，对于色彩的具像联想与抽象联想，男女也有一定的差异（表4-3）。

表4-3 色彩联想的性别差异

	男性对色彩的心理联想	女性对色彩的心理联想
红	血、恋情、国旗、夏日、愤怒、暴力、热情、革命、罪人	危险、交通标志、热情、唇、太阳、喜悦、火、苹果
橙	橘子、少女、砖瓦、党派、悲伤、妒忌、暴躁、厌烦	果园、柿子、秋天、晚霞、甜美、暖和、慈祥
黄	奶油、卵黄、光、金发、香蕉、明朗、大方、皇帝	菊花、春天的阳光、黄金、月亮、小黄花、宝贵
绿	夏天、公园、青叶、田野、爽快、舒畅、安逸	草、山、公园、安全、春天、青叶、成熟、平静
蓝	清爽、理智、夏天的海洋、天空、永恒、清高、聪明伶俐	海洋、湖、水、冷静、秋天的天空、气晚、理智、深奥
白	护士、正义、清洁、白纸、白云、淡泊、平等、光明	雪、白兔、纯洁、白纱、白衬衫、恬淡、清白、真理
黑	冬衣、头发、脏、悲哀、神秘、绝望、黑板、严肃、铁面无私	失恋、恐怖、黑夜、不吉、煤炭、丧服、结实、沉默、绝望

色彩本身只是一种物理现象，但人们却似乎能感受到色彩的感情，这是因为人们长期生活在色彩的世界中，积累了许多视觉经验，当知觉经验与外来的刺激发生一定的呼应时，就会在人的心理上引出某种情绪。所以说，在我们的生活中正确地运用色彩，对营造更美好的生活空间，追求高品位的生活质量，是非常重要的。

第五章 室内装饰的空间设计与空间知觉

第一节 室内装饰的空间设计

空间的概念之中有着相对和绝对两重性，空间的大小、形状由其围护物和其自身应具有的功能形式所决定，同时，不同的空间也决定围护物的形式。"有形"的围护物使"无形"的空间成为有形，而离开了围护物，空间就成为概念中的"空间"，不可被感知；"无形"的空间赋予"有形"的围护物以实际的意义，没有空间的存在，那围护物也就失去了存在的价值。对于空间及其围护物之间这种辩证关系，中国两千年前的老子曾作过精辟的论述："埏埴以为器，当其无，有器之用。凿户以为室，当其无，有室之用。故有之以为利，无之以为用。"

所以，我们可以把要设计的室内空间看做一个简单的盒子，这个盒子不外乎三角形、圆形、方形三种基本形体。在这三种形体的基础上，经过3ds max等设计软件在电脑上对其进行堆砌、阵列，再通过Boolean、Attach等软件对其进行渲染，一个室内空间设计模型就完成了。把模型经过建筑工人的放样，投入架构和建设之中，如同雕塑一般或单体或成群，落位于城市的土地上变成一栋真正的建筑。此时，"盒子"表面又被设计了许多洞口——用来采光和通风，盒子的周围是庭院，交错着的直线和曲线是道路；盒子的里面又有许多小盒子构成。盒子的立面可以是砖，是木；是纸，是玻璃；可固定，可活动；可直立，也可倾斜；既可以做得很薄，也可以是造型很复杂的面。如同"巧克力"一般可塑性很强，根据每个消费者自身的喜爱来塑造，没有统一的模式和风格可循。因为每个人对于家居设计都有自己的想象空间，也都有自己独特的品位，当然这些有时也会受到时代潮流的影响，或多或少会被其左右。

一、空间的概念

（一）空间的定义

空间艺术一词源于德语。造型是空间艺术的必要手段和必备条件，造型艺术总是存在于一定的空间中，空间艺术必然首先是造型艺术。因此，空间艺术在本质上是对造型艺术存在方式的把握。但是，在造型艺术中，因其种类不同，空间性质亦不尽相同。一般说来，空间意识产生于视觉、触觉、运动感觉和心理感觉中。这些意识感知的空间，其性质是不同的，可依次称为视觉空间、触觉空间、运动空间及心理空间。而"艺术"一词指审美方面的需求，指在使用基础上的精神心理的审美需要，当然包括各种审美的形式：优美的、悲伤的、和谐的。那么，在营造生活空间的同时关注这些审美心理，营造各式各样的精神氛围，即空间艺术，这样的空间也就是艺术的空间。

以空间为存在方式的艺术，一般包括建筑艺术、雕塑、绘画、工艺美术、书法、篆刻等种类，也通称美术。所谓这些空间，即物质的广延性，最终根据人的心理感受被区分为实空间和虚空间，或者私密空间、公共空间等类型。因而，建筑艺术这种最狭义的空间种类是为满足人类各种生理心理的需求而营造的空间典型代表。建筑可以在现实中利用不同性质的空间来驾驭人的心理。与此同时，根据人的不同心理需要也可以创造各种各样的室内外建筑空间。建筑空间是人类生存的必要需求之一，无论是在原始社会还是现代社会里，建筑艺术的审美都是在虚虚实实的世界里满足人们的心理需要：居住建筑的空间满足安全、温暖的心理需求；宗教空间满足心灵祈祷、净化的需求；公共建筑空间满足人们的工作、交流、娱乐需求等。

（二）空间的类型

在生活中，常见的几种室内空间有:结构空间、开敞空间、封闭空间、动态空间、静态空间、悬浮空间、流动空间、虚拟空间、共享空间、母子空间（大空间中的小空间）、不定空间、交错空间等。依据建筑形体的不同造型产生了丰富多彩的空间类型。封闭的私密空间；开敞、半开敞的共享空间；用限定性比较高的实体围护起来的领域；在听觉、视觉上都有很强隔离性的封闭空间；没有确定的围合界面，或者是围合实体的限定较小，与周围环境的交流、渗透性很大的开敞空间等。另外，从心理感受上来划分，也可以分成绝对分隔的实空间和无明确界限的虚空间，或者不定空间。在空间世界里，让人感觉界限分明的场，即实空间，界限不是很明确的空间就是虚空间，也叫心理空间。

（三）空间心理体验

依据人们对建筑空间的这些心理感受和反应，创造或者设计出符合各种心理需求的适宜空间也就成为一门艺术。而且，这种艺术一直伴随着各种建筑空间类型的存在，很好地阐释了人们对空间艺术与心理艺术关系的把握。在个人空间中，别墅以及度假村的产生，就是为生活在快节奏的都市人群需要休闲、静谧的心理而产生的。赖特的杰作考夫曼住宅故意把空间意识虚化，从而将自然和室内联系起来。还有密斯的玻璃住宅，都是强化空间的虚无，弱化空间的实在性，从而更深一层地延伸了空间的维度：将时间引入空间中来，增强建筑内外空间的有机性。

古文明时期的人类就十分注重空间对人心理的把握，这尤其体现在宗教建筑空间里。古希腊的建筑就是绝妙地适应了人体的尺度，因此使人感到具有宁静的美感。古罗马建筑发展了室内空间，虽然相邻的各空间彼此独立，并且每个空间都使用了对称的几何化构图，强化了中心感。然而，在宗教建筑中，经常采用超出人的尺度塑造出强大的室内空间，借以体现宗教的力量和权威。信徒们在这样的空间里祈祷，让人感觉到自身的渺小，因而产生对上帝的景仰和敬畏。当人们穿过前廊和教堂大厅之间的门时，它的内部空间就突兀地、极富戏剧性地展现在人们面前，显现了它全部的神秘感，人们的眼睛随着拱券和拱顶的引导一直望到高远的圆顶之巅，这是令人目眩神迷和灵魂震撼的充满魔力的空间。当时的历史学家格罗庇乌斯也没能抑制

图 5-1　巴黎圣母院

他的诗情，他说："一个人到这里来祈祷的时候，立即会相信，并非人力，并非艺术，而是只有上帝的恩泽才能使教堂成为这样，它使人的心飞向上帝，飘飘荡荡，觉得离上帝不远。"再看哥特式建筑，到了中世纪，连续的尖拱券和飞扶壁，塑造了无限远、向上的缥缈空间。空间尺度和人体尺度形成了极强烈的对比，人置身其中，显得如此渺小，像完全笼罩在上帝的庇护之下。如巴黎圣母院（图5-1），连续的尖

拱顶引导着人们走向祭坛，使得中殿显得更宽敞了。向上望去，成倍地架高早期基督教堂巴西利卡低矮的屋顶，两列的柱子和扶壁就像有魔力的神树，不停地向上伸展生长，向高空伸展。

二、室内空间设计的概念

人们一般理解的室内空间，是以建筑为载体的内部空间，它包括新建建筑和改、扩建建筑两种类型。广义的室内空间，还应该包括那些特殊环境的内部空间。如飞机、轮船、火车、汽车、航天器、自然洞穴等的内部空间。

室内空间设计是人类创造并美化自己生存环境的活动之一。自文明史开创以来，人类改造客观世界的能力在不断地提高，室内空间设计的历史画卷也随之越来越斑斓多彩了。人们往往用"空间气氛""空间格调""空间情趣""空间个性"之类的术语来解释它，实质上这是一个空间艺术质量的问题，室内空间设计也是衡量空间布局的重要标准之一。

三、室内空间设计的取向

（一）人性化的室内空间设计

1.室内空间的人

室内空间主要为人所使用，它几乎所有部分都与人类的活动有关。室内空间是一个有机的系统，人、人造物、环境是构成这个系统的三个要素，其中，环境是指人们工作和生活的环境。人造物则包括人操作和使用的一切产品和工程系统，在室内空间中主要指各类家具及与人关系密切的建筑构件。在这个系统中，三个要素是相互作用、相互依存的，是一个由若干组成部分结合成的具有特定功能的有机整体，而其中人是贯穿其他二者之间的主体，也是室内空间设计的目标对象，因而是系统中最重要的部分，其构成特点、生理、状态和行为方式构成了设计中的一种限制，设计师只有对使用者有清楚的了解，才能设计出合理的室内空间。

2.室内空间中的人类行为

人类的户内行为规律及其需求是室内设计的根本依据。一个室内空间设计的成败、水平的高低，主要就看它是否符合人类的室内行为需求。至于室内空间的艺术品位，这是一个见仁见智、因人而异的问题。人类在世界上生存，所表现出的各种行为可归纳为三类最为基本的要求，即安全、刺激与认同。这三类要求是融合在一起的，并无先后次序，其实我们许多很高深的理论都是从这些貌似简单的道理中引申出来的。对于这些简明的原理，若能将之应用到室内空间设计中去，是很不错，却也是很难的。

所以，"以人为本""人性化"等时尚语言，不是设计师眼中神圣化后的哲学，也不是商人手中点石成金的商业噱头，而是设计师的本分，是室内空间设计中应遵循的准则之一，是可以细化的设计方法。针对具体的设计类别，室内空间设计应该建立更深入的评价标准，达到更切实可行的设计要求，真正实现人性的升华。

（二）智能化的室内空间设计

室内空间作为建筑空间中最重要的部分，是建筑的延续，同时也有一部分室内空间（如商业空间）受功能的影响，逐步摆脱最初的功能定义，发展衍生出新的形式。智能室内空间也正是利用系统集成方法，将计算机技术、通信技术、信息技术与室内空间艺术有机结合，通过对设备的监控、对信息资源的优化，实现具有安全、高效、舒适、便利和灵活特点的室内空间。对智能室内空间的研究，对于丰富智能建筑的理论，对于实现室内空间设计的人性化前提、生态化的目标和功能定义都具有非常积极的意义。

智能室内空间的基本要求是：办公设备自动化、智能化，通信系统高性能化，室内空间柔性化，管理服务自动化，同时还应注意设计中的文化性。

对于室内空间来说，达到智能化的要求，可以根据空间中环境模块的设计和构造，通过设置适当的设备来获取长期的空间价值，智能空间设计的核心也是这些环境模块的选择和综合。

（1）环境友好——健康和能量。要通过智能化的控制技术，控制噪声对人的影响，通过空调系统控制室内的温度、湿度，通过照明系统控制室内的光环境，保证人的健康和能量的合理使用。

（2）空间的利用率和灵活性。

（3）生命周期成本——使用与维护。

（4）工作效率。提供舒适、高效的工作环境和现代化的通信手段和信息服务，节省能源、资源、费用是智能化在室内空间中发挥的最显著作用。

（5）安全。作为建筑的内部空间，安全是指对设备终端的使用和局部小环境的调控。对智能室内空间而言，安全是所有环境模块中依赖性较大的一个。

（6）文化。建筑是技术和文化的结合，室内空间的营造，应具有文化性的特点。室内空间的文化品位既要符合相应的技术规范，又应当保持与装饰设计的协调。

（三）生态室内空间设计

1.生态室内空间设计基本原则

生态室内空间设计概括地说是运用生态学原理和方法，以人、建筑、自然和社会协调发展为目标，寻求适合人类生存和发展的室内空间环境。生态室内空间是生态建筑中的一个小环境，它从属于建筑和自然环境，是整个生态系统中的子系统，因此充分考虑其对建筑外环境和自然环境的适应和影响，以及它与建筑外部空间，与自然环境之间物质能量的交换是非常重要的，对这些生态因素的考虑会有助于室内空间的理性设计。

2.生态室内空间设计的目标

室内空间设计的生理化目标主要应从三个方面来考虑。

首先，是资源的节约和能源的利用。现代建筑与室内设计广泛运用各种建筑材料，各种设计手法，在创造悦目、舒适的人工环境方面作出了很大贡献。但是这种贡献是以地球资源和能源的高消耗为代价的。以室内空间设计为着眼点，现有资源的节约，主要是减少对石油、水、矿物等的消耗，另一方面则要充分利用太阳能、风能等可再生能源，并尽可能地实行能源的循环利用。

其次，生态室内空间应满足人的舒适健康。一般来讲，生态是指人与自然的关系，人类所有发展围绕的核心就是人本身，环境设计核心无疑也是人，这里的舒适健康是指的小群体、个体的舒适健康，是以不破坏大多数人的舒适健康为前提的。

再次，生态室内的可持续性。可持续发展意味着将来的建筑学不仅仅要考虑建筑物的耐久性，同时也要考虑我们的星球本身及其资源的耐久性。评价空间生态品质的标准主要着眼于它将环境、气候等综合因素转化为高品质的空间、高舒适度的环境和完美的空间形式的能力。

综上所述，智能改变了人的生活方式，智能技术应该为人所用，人的生理和心理需要是智能室内空间设计的前提，建立在全人类基础上的生态设计观，其最终目的也是人与自然的融合；生态技术的运用需要智能化的技术，生态室内空间的营运管理和生态技术的量化设计需要智能化的技术，智能将影响现代生态设计的成败。

四、设计宜人空间的原则

（一）领域性原则

尽管公共空间是公共的，但它还经常容纳私密性活动，在其环境设计中就应注意某些部分应提供保证私密性的区域，在这里活动的人可以集中精力、不受干扰。分隔手段有封闭式、半封闭式和开敞式。半封闭式与外界虽有视线交流，但空间形式仍较封闭，不会使他人贸然侵入，又有较强的限定感；开敞式是一种视线通透、限定感不强的处理方法，如可利用高差甚至地面材料划分空间。此外，基于人的私密性，在设计中应避免空间的浪费，如不可避免时，就需要提供空间的多种利用和辅助空间，如将花坛边缘、大台阶、小品基座等设计得高度适中、整洁美观，增加其可坐性等等。

（二）多样性原则

人的生活世界是丰富多彩的，它要求生活的场所不能呆板单一，即多样的环境适合多样的生活，具体表现在：特定的制约因素是多样性存在的条件，建筑、环境的创造受特定的自然因素（地形、地貌、气候等）和人文因素（政治、经济、文化等）制约而形成各自不同的特点；建筑、环境的使用者由于所处背景的不同而对建筑、环境有不同的要求，使之趋于多样化。

（三）开放性原则

对一个空间环境而言，其开放性可确立活动的框架，将环境中各种活动及节点串联起来，可形成一个机能紧密相连的有机体。开放性原则具体表现在："设计时应考虑到的功能包括扩大个人选择的范围、让城市生活有更多体验的机会；给予使用者更多对环境的掌握力；提供更多丰富社会经验的机会，以扩展人们对新事物的接纳；提供社会各阶层的混合，强化环境意象等。中国人对空间环境原本就缺乏开放的概念，常常自限"。在现代社会观念冲击下，旧的观念、使用行为与新的城市环境发生严重冲突，这就要求设计者在空间环境的设计、开发、维护管理上建立起开放性的原则。

第二节　个人空间

空间是物体存在的形式。所以空间，首先是距离，它几乎决定了我们生活里的所有方面。距离决定爱和美，决定欢乐和幸福，也决定机会和成功。

心理空间是满足人的心理需要的空间大小，如无压迫感的顶棚高度，无不安感的办公空间等。心理空间设计可以从人身空间、领域以及周围环境的色彩、照明、通风换气等方面来考虑。实验证明，对人的人身空间和领域的侵扰，可使人产生不安感、不舒适感和紧张感，难以保持良好的心理状态，进而影响工作效率。生活常识告诉我们，两人谈话时的距离与位置不可小视。距离过于近，到了"促膝抵足"甚至"耳鬓厮磨"的程度，就不可能是贸易谈判或外交对垒了；若座位相对并且高低两分，分到了被告需仰视法官的地步，那大概也就只能公事公办而不容易柔情蜜意了。眼下各服务机构，包括医院、邮局和航空公司纷纷降低柜台高度，撤除营业窗口的栏杆和隔板。这种空间改革当然寓意深远，一种买卖双方轻松亲近、自由平等的气氛扑面而来，悄入人心。

"你不可能把人和空间分开。空间既非外在对象，也非内在经验。我们不能将人除外之后，设想还有空间存在。"海德格尔的这段话用来概括个人空间是最合适不过的。曾有人做过这样一个实验。A、B两人同去一家饭店吃饭，两人相对而坐。A拿出一包香烟点燃了一支，然后把烟放在桌面3/4的地方，确切地讲是放在了B的前面。接着A不断地和B交谈，B总感到不太舒服。后来A还把自己的餐具不停地推向B，这时B看上去更加不安。最后A竟然把身体倾斜过桌面与B讲话，这时B更加难受，A的话他一句都听不进去，本能地将身体向后仰。此时A停止了刚才的行为，他告诉B刚才是在说明一个有趣的空间界定问题，B不解地问"这是怎么一回事呢？"答案就在我们身边。如果仔细观察人的空间行为，你会发现人与人之间总保持着一定距离，人好似被包围在一个气泡之中。这个神秘的气泡随身体的移动而移动，当这个气泡受到侵犯或干扰时，人们会显得焦虑和不安。这个气泡是心理上个人所需要的最小的空间范围，Sommer（1969）把这个气泡称为个人空间（personal space）。

一、个人空间的概念

在与人交往中我们利用环境的一个基本方式就是与他人保持距离。用接近或远离其他人的方法使我们自己和他们多接近些或少接近些。动物行为学家早已观察到在此方面动物与人类很相似。譬如鸟儿在电线上停成一排，互相保持一定的距离，好像它们曾用皮尺丈量好似的，恰好使谁也啄不到谁。两只陌生的狗走到一定距离内，它们会停下互相打量对方，然后进一步靠近或是一方逃之夭夭。一些学者还指出许多动物进食时也是均匀地分散开来，这样它们之间就保持差不多的距离。

Robert Sommer（1969）曾对个人空间有生动的描述："个人空间是指闯入者不允许进入的环绕人体周围的又看不见界限的一个区域。像叔本华寓言故事里的豪猪一样，人需要亲近以获得温暖和友谊，但又要保持一定的距离以避免相互刺痛。个人空间不一定是球形的，各个方向的延伸也不一定是相等的，同时也存在着明显的性别差异……有人把它比作一个蜗牛壳、一个肥皂泡、一种气味和'休息室'。"所以个人空间是人们周围看不见的界限范围内的空间，人们走到哪儿这一空间就跟到哪儿。基本上它是一个包围人的气泡，有其他人闯入此气泡时，就会导致某种反应，通常是不愉快的感受，或是一种要后退的冲动。另一方面，个人空间并不是固定的，在环境中它会收缩或伸展，它是能动的，是一种变化着的界限调整现象。我们有时靠别人近一些，有时离别人远一些，是随情境而变化的。虽然每个人都拥有各自的个人空间，但他们的个人空间并不完全一样。

在个人空间的各种功能中控制距离是最重要的。在各项工作里，学者们发现不合适的空间安排会导致不舒服、缺少保护、唤醒、焦躁和无法沟通等效应。不合适的人际距离通常会有一个或多个负面影响。相反，合适的距离则会产生积极的结果。

二、人际距离

为了明确人际距离这一概念，心理学家在某些限定的条件下进行了一系列实际的观察与实验。

实验1:布置有几组两张面对面的沙发，而沙发之间的距离不等，要求被实验的人两人一组进行一般性的交谈（即生活聊天），并由被实验者自己决定交谈方式（是对坐还是邻坐）。实验结果表明：当沙发之间距离在1.2 m左右时，人们选择对坐交谈；大于或小于1.2 m时，人们则自动相邻而坐。因此，心理学家把1.2 m称之为人们进行交谈的最佳人际距离。不难发现，这一最佳人际距离也正是建筑师在布置客厅或休息厅的交谈空间时所依据的家具最佳布置间距。

实验2:在合班教室中，观察教师讲课时学生的不同反应。当教师站在距第一排3 m以上时，学生愿意坐在前三排座位听课；当教师在距离第一排小于1 m时，学生则自动坐在最后三排上听课。这一事实清楚地告诉我们，不同行为特征对于保证讲课与听课顺利进行以及达到讲课与听课预期效果起着重要的作用。心理学家进一步研究表明：听课者头部的运动以及与教师眼睛的对视，对于控制讲课与听课之间的情绪与节奏都起着积极的作用。而这也正是建筑师们在进行阶梯教室（合班教室）设计时，为什么选择黑板与第一排学生座位的距离为3 m以及学生座位采取半圆形（或弧形）布置方式的重要依据。

实验3:观察使用长方形会议桌进行交谈时的情况。一般情况下，人们愿意坐在会议桌任意一个角的两侧；当交谈双方互相竞争、各持己见进行辩论时，双方则愿意隔着桌子长边相对而坐；当交谈双方进行友好合作协商时，其最佳的选择座位则是隔着桌子短边面对面而坐或是相靠而坐。这点向我们揭示出：人们之间在占有自己位置时与人们之间在占有该位置时相互作用的方式和性质有关。

探讨人际距离，能使我们清楚人与人之间必须保持一定空间，使我们的建筑设计更切合实际。更能满足人们对建筑诸多的不同需求。

（一）亲密距离

亲密距离的范围为0～45 cm。它包括一个0～15 cm的近段和一个15～45 cm的远段。在亲密距离内，视觉、声音、气味、体热和呼吸的感觉，合并产生了一种与另一人真切的关系。在此距离内所发生的活动主要是安慰、保护、抚爱、角斗和耳语等。亲密距离只使用于关系亲密的人，譬如密友、情人或配偶和亲人等。在北美文化里陌生人和偶尔相识的人不会用此距离，除非是在个别有规则的游戏里（如拳击比赛等）。一旦陌生人进入亲密距离，别人就会作出反应，如后退，或给以异样的眼光。一般来说，成年的中产阶级美国人在公开场合里不使用亲密距离，即使被迫进入此距离，也常是紧缩身体，避免碰着他人，眼睛毫无表情地盯着一个方向。

（二）个人距离

个人距离的范围为45～120 cm。它包括一个45～75 cm的近段和一个70～120 cm的远段。在近段里活动的人大都熟识且关系融洽。好朋友常常在这个距离内交谈。如果你的配偶进入此距离你可能不在意。但如果另一异性进入这个区域并与你接近，这将"完全是另一个故事"。个人距离的远段所允许的人范围极广，从比较亲密的到比较正式的交谈都可以。这是人们在公开场合普遍使用的距离。个人距离可以使人们的交往保持在一个合理的亲近范围之内。

（三）社交距离

社交距离的范围为120～360 cm。它包括一个120～200 cm的近段和一个200～360 cm的远段。这个距离通常用于商业和社交接触，如隔着桌子相对而坐的面谈，或者鸡尾酒会上的交谈等。这一距离对许多社交而言是适宜的。但超出这一距离，相互交往就困难了。社交距离常常出现在公务场合和商业场合，就是不需过分热情或亲密时，包括语言接触、目光交接等，这个距离是适当的。

（四）公共距离

公共距离在360 cm以上。它包括一个360～750 cm的近段和一个750 cm以上的远段。这个距离人们并非普遍使用，通常出现在较正式的场合，由地位较高的人使用。比较常见的是在讲演厅或课堂上，教师通常在此距离内给学生上课。讲演厅里的报告人离与他最近的听众的距离通常也落在此范围里。一般而言公共距离与上面三种距离相比，人们之间的沟通有限制，主要是在视觉和听觉方面的。

距离本身并不是重要因素。说得更恰当一些，距离提供了一种媒介，许多沟通可以通过此媒介发挥作用。在亲密距离内视觉、听觉、嗅觉、触觉等感官都可以发挥特殊的作用。随着距离的增加，视觉和听觉越来越成为重要的感官。

三、个人空间与室内设计

个人空间的丰富知识和经典理论主要是从站着的人的角度考量出来的，可惜建筑师很少关注人站着时的交谈，相反，人的流动性才是建筑设计的基本点。建筑师必须为人群的流量和方向作好计划，但很少有建筑师为人们站立时的交谈准备合适的距离，因而假使事后证明设计得很好，多数也是出于偶然或丰富的经验，而不是事先合理的构想。非常自然的情况是，很多研究考虑了人坐着时的人际距离，研究人员希望发现怎样的座位布置有最佳的效果，能对人们的沟通有促进作用。他们希望通过自己的工作为建筑师、环境设计师提供建设性的信息。确实，个人空间可能不是环境设计的基础，但它对环境设计依然有着重要的参考价值，下面介绍的例子可以充分说明这一点。

（一）舒适距离

Sommer（1959，1962）在一连串的实验里，曾探讨了人坐着时可以舒适地交谈的空间范围。两个长沙发面对面摆着，让被试者选择，他们既可面对面，也可肩并肩地坐。通过不断调整沙发之间的距离，他发现当两者相距在105 cm之内时，被试者还是愿意相对而坐。当距离再大时，他们都选择坐在同一张沙发上。Canter后来也找了一些完全不知道Sommer工作的学生重复了此实验，他测量到面对面坐的极限距离是95 cm。考虑到测量中可能出现的误差，可以认为这两个距离是相同的，而且显示出此结果不随时间和地点而改变的性质。

（二）桌椅布置方式

椅子的功用是让人坐下来，但它的设计和布置足以影响人们的行为。这一点对于室内设计也是重要的。Sommer（1969）举了一个丹麦家具设计师的例子。这位设计师曾设计一张椅子坐起来极不舒服，坐不了多久就得站起来。请他设计的业主是一位餐厅老板，原来，餐厅老板不希望看到顾客泡上了一杯咖啡就赖着不走。

一些研究也曾考察交谈与桌椅布置之间的关系。如果桌椅背靠背布置，或者桌椅之间有很大距离，就会有碍交谈甚至使之不能进行。

图 5-2　咖啡座

图 5-3　医院候诊室

像路边的咖啡座、酒吧和餐厅那样让椅子紧紧围绕桌子，人们相对而坐的方式，非常有利于谈话（图5-2）。但如飞机场、公共汽车的座位就不利于交谈，乘客们一排排朝前坐，只能看到前排乘客的后脑勺（图5-3）。Osmond（1957）曾用两个名词描述此种现象，他把鼓励社会交往的环境称为社会向心的（ciopetal）环境，反之则称为社会离心的（sociofugal）环境。Osmond并未把这两个术语限制在桌椅布置上，譬如他说走道式病房是社会离心的，环形病房是社会向心的。这两个术语用在桌椅布置方面实在合适。最常见的社会向心布置就是家里的餐桌，全家人围桌而坐，共享美味佳肴，其乐融融。机场休息厅里的座位布置则是典型的社会离心式，多数机场的候机楼里，人们很难舒服地谈话聊天。这些椅子成排地固定在一起，背靠背，坐着的人脸朝外，而不是面对同伴。即使是面对面的排列，则因为距离太远而无法使人舒服地谈话。Sommer指出，机场座位之所以采取如此的排列方式，其动机和上面提到的那位餐厅老板订做使人不舒服椅子的想法如出一辙，其目的就是想把乘客赶到咖啡厅、酒吧和商店里去，让他们在那些地方花钱。

显然，社会向心布置并非永远都是好的，社会离心布置也不是都坏，人们并不是在所有场合里都愿意和别人聊天。图书馆就是个例子，阅览室里要的是安静而不是嘈杂。如果有人愿意对某个主题畅所欲言，可以专门找个地方讨论。

在公共空间设计中，设计师应尽量使桌椅的布置有灵活性，把座位布置成背靠背或面对面是常用的设计方式，但曲线型的座位或呈直角布置的座位也是明智之选。当桌椅布置成直角时，双方如都有谈话意向的话，那么这种交谈就会容易些。如果想清静一些的话，那么从无聊的攀谈里解脱出来也比较方便。建筑师Erskine一直都把这些原则广泛地应用到他的居住区设计中。他创造的公共空间设计里，几乎所有的座位都是成双布置的，围绕桌子成一直角。桌子为休闲活动和餐饮提供了有利条件。如此这个空间就具有了一系列功能，远不止于仅仅让人们小坐一会儿。

桌椅的布置需要精心设计，现实中许多桌椅却完全是随意放置，缺乏仔细推敲，这样的例子俯拾皆是。桌椅在公共空间里自由的布局并不鲜见。设计师在设计中更多考虑的是美学原则，为了图面上的美观而忽略使用上的需要。造成的结果是空间里充斥着自由放任的家具，看上去更像是城市里杂乱无章的小摆设而不是理想交谈和休息的地方。事实证明，人们选择桌椅绝不是随意的，里面隐含着明确的模式。

（三）座位的选择

人们在多种不同的环境空间中进行着多种社会生活，也在多种不同空间中占据着适合自己心理需要的、一定的空间位置。对如此空间定位问题，心理学家进行了以下两项观测实验。

第一，在日本某火车站的候车厅内，心理学家从多次不同位置的观察中发现，绝大多数的候车旅客倾向于站在厅内柱子的附近，同时又离开人们行走路线的地方。

第二，在某国一个餐馆的营业厅内，心理学家从观察中发现，绝大多数就餐顾客在选择用餐座位空间时，都不约而同地喜欢选择在靠边墙的餐桌，而不去选用那些在中间的桌子。

从上述两个实例中不难看出：人们利用外界环境的方式并非是随意的和漫不经心的。对建筑空间的使用者来说，存在着一种共性的心理反应模式，而这一模式也正是建筑设计师们所要认真研究的问题。

我们是否可以得出这样的结论：人们应用周围环境时，基于行为心理的需要，以使自己能够获得一个满意的空间位置。人们选择自己的空间位置，不仅在于简单地与周围环境有关，而更重要的却在于与其他人的活动行为有关。人们在使用建筑空间时，总是设法使自己处在一个视野开阔，但又不引人注目的空间位置，以取得自己行为心理上的平衡。心理上的安全感是人们在选定空间位置时的另一重要考虑因素。

图5-4　火车站候车厅

根据这四点结论，我们再来审视一下今天的建筑创作。如在多种类型火车站的候车厅室内设计中，旅客休息坐椅的布置往往远离旅客的行动路线，更多的是以背靠背的方式布置在厅内的柱间（图5-4）。又如在城市型的多种餐馆建筑的营业大厅室内设计中，目前国内外流行着一种以低矮的隔断（或绿篱）作为大空间的艺术分割，这种割而不断的手法，不仅使得用餐顾客的行为心理得到满足，而且从经营者的角度考虑，也大大地提高了餐桌的就座率。这就清楚地告诉我们，人们在建筑空间中选择自己合适的空间位置，主要的原因不仅仅在于方便自己所要从事的活动，而是基于心理因素的考虑。

1.图书馆

Estman和Harper（1971）在卡内基-梅隆大学图书馆中观察了阅览室里的读者如何使用空间，他们的目标不仅是理解使用者对空间的使用情况，而是希望能发展出一套方法来预测相似环境里的使用模式。两位研究人员的记录包括哪类使用者以什么次序使用了哪些座位，以及使用了多长时间。根据Hall的社交距离的近段假说，他们假设一旦某个椅子被选择了，那么使用者就会回避该范围内的其他椅子。此点在实验中得到证实。但他们还是发现了一个强烈的趋势，即使用者会选择那些空桌子，而且很少选择并排的位子，如果使用者这样做的话，则使用并排位子的两人很有可能交谈。所以，Estman和Harper归纳了一些使用原则：① 人们最喜欢选择空桌子边的位子；② 如果有人使用了这张桌子，那么第二个人最可能选择离前者最远的一个位子；③ 人们喜欢背靠背的位子，而不是并排的位子；④ 当阅览室中已有60％以上的座位被占用时，人们将选择其他的阅览室。

2.教室

关于座位选择行为的研究，证实了环境中最有影响力的刺激因素是其他人的存在。Canter（1975）观察了一个讨论班里的学生是怎样选择座位的，在此工作中要求学生以八人一组进入此教室，并发给每人一张问卷要求他们各选一个座位坐下。控制的变量是讲演者与第一排座位间的距离和座位排列的方式（直线或半圆形）。当讲演者站在离直线排列的第一排3 m远时，学生们都坐在头三排座位。当讲演者与第一排相距0.5 m远时，学生们都坐到后面去了，只有半圆形排列时，讲演者的位置对他与学生之间的距离没有影响。由于有证据说坐在边上和后排的学生参与教学活动少并且不认真。因而环形布置更有利于提高讨论课上学生们的投入程度。实际上半圆形的桌椅排列可以增进全班师生之间的合作与交流。

3.会议室

位置的选择直接透露出人们交往的方式，在会议场合里两者关系表现得更具体。在一个长桌上开会，通常是会议主席坐在桌子的短边，即使在非正式场合，谈话最多的或居于支配地位的人倾向于坐在桌子的短边，因而领导人常占据该位置。这种会议场合透露了一种强烈的上下级制度，坐在长桌长边的人只能看到他对面的人和桌子一端的老板，而老板能看到所有人，于是坐在不同位置的人有不同的和不平等的视域，权力最高的人有最好的最全面的视域。另一方面，如果选用圆桌的话，此种不同和不平等关系将消失，代之的是与会者平等的视域。所以一个民主意识较强的组织在开会时应选用圆桌（图5-5）。

图5-5　圆桌会议室

现在我们可以搞明白，为什么在国际会议上代表们会如此关心桌子的形状。据说在讨论越南问题的巴黎和会的某个阶段，各方代表对于会谈采用的桌子是圆是方曾有过激烈的争论，而且曾一度陷入僵局。确实，桌子的形状以及人们所处的位置对他们之间的交往有着重要的意义。

4.边界效应

沿建筑空间边缘的桌椅更受欢迎，因为人们倾向于在环境中的细微之处寻找支持物。位于凹处、长凳两端或其他空间划分明确的座位，以及人的后背有高靠背的座位较受青睐，相反，那些位于空间划分不明确之处的座位受到冷落。

社会学家Jonge（1968）在一项有关餐厅和咖啡厅座位选择的研究中发现，有靠背或靠墙的座位，以及能纵观全局的座位比别的更受欢迎，其中靠窗的座位尤其如此，坐在那里，室内外景观尽收眼底。餐厅里的侍应生证实，无论是散客还是团体客人，大都明确表示不喜欢餐厅中间的桌子，希望得到靠墙的座位。

人们对边缘空间的偏爱不仅反映在座位的选择上，也体现在逗留区域的选择上。当人们驻足时会很细心地选择在凹处、转角、入口，或是靠近柱子、树木、街灯和招牌之类可依靠的物体边上。丹麦建筑学家Gehl（1991）说许多南欧的城市广场的立柱为人们较长时间的逗留提供了明显的支持。人们依靠在立柱或是立柱附近站立和玩耍。在意大利古城锡耶那的坎波广场，人们站着时几乎都是以立柱为中心的，这些立柱恰好布置在两个区域的边界上。近一点的例子就是上海外滩。改造以前作为情人滩时，成双入对的青年男女都是靠在防洪墙边谈情说爱。Jonge为此提出了颇有特色的边界效应理论。他指出，森林、海滩、树丛、林中空地等边缘空间都是人们喜爱的逗留区域，而开敞的旷野或滩涂则少人光顾，除非边界区已人满为患，此种现象在城市里随处可见。

边界区作为小坐或逗留场所在实际上和心理上都有许多显而易见的优点。个人空间理论可以作出完美的解释。靠墙靠背或有遮蔽的座位，以及有支持物的空间可以帮助人们与他人保持距离，当人们在此类区域逗留或小坐时，比待在其他地方暴露得少些。个人空间也是一种自我保护机制，当人们停留在建筑物的凹处、入口、柱廊、门廊、树木、街灯、广告牌边上时，此类空间既可以为人们提供防护，又不使人们处于众目睽睽之下，并有良好的视野。特别是当人们的后背受到保护时，他人只能从前面走过，观察和反应就容易多了。此外，朝向和视野对座位的选择也有重要的影响。

实际上人们对工作空间也有边界效应。Alexander曾对工作空间的封闭性与舒适感作了调查，研究预先假设了13个影响空间封闭性的因素，调查中要求17个被试者回想他们曾工作过的工作空间，画出其中"最好的"和"最差的"两种工作空间草图，然后要求他们根据13个影响因素，分别对这两种工作空间做主观评价。研究结果表明，在工作空间中，如果工作人员后面与侧面有墙，他就会感到更舒服。同时该研究也指出，工作人员前方约240 cm之内不应设置无窗的实墙面，以便工作人员可通过观看前方而改变视距。另外，良好的工作空间设计还应使工作人员能看到外界的景色。对此著名美国建筑师Portman体会到"人们希望从禁锢中解放出来""在一个空间中，假如你从一个区域往外看的时候能察觉到其他人的活动，它将给你一种精神上的自由的感觉。"Alexander在他的名著《模式语言》中总结了有关公共空间中的边界效应现象，并精辟地指出"如果边界不复存在，那么空间就绝不会有生气。"

第四节　私密性

私密性作为一种社会规则，我们中的大多数人都了解它、熟悉它，并应用它。譬如与情人幽会，我们会选择僻静的地方，极亲昵的举止，总是发生于别人的视线之外；和爱人吵架声音不会太响，否则应把门关上；办公室里可以嘻嘻哈哈，但不要谈及私事；接听男友的电话语调应有所节制，不应太过放肆；去别人家作客，到得不要太早，留得不要太晚，尤其应注意主人看表的提示。还有，两幢住宅楼不要靠得太近，卧室在晚上应拉上窗帘，卫生间的玻璃应该是不透明的，坐在客厅里不应看到卫生间里的马桶，也不应该看到卧室里舒适无比的席梦思等等。这些我们都很明白了，为了生活的美满和健康，我们必须非常熟练地平衡自己的期望,别人的需要和现实环境之间的关系，以获得自己的满足并照顾别人的私密性。如今，私密性不仅是心理学家的术语，而且也经常被政治学家，社会学家、人类学家和律师挂在嘴上，这代表了私密性在社会、文化和法律上的普遍意义。

一、私密性的概念

私密性是一个广泛使用的术语，如同其他许多术语一样，人们常认为对此术语有一致的意见，但事实远非如此。对很多人而言，私密性意味着两件事，一是从人群中脱离出来，二是确保别人无法进入某一特定领域或接近某些特定信息。这两种日常生活中的概念仅仅代表了私密性的部分含义。

学者们对私密性的定义也有分歧，有些人强调私密性是回避、隔离和避免相互交往。Westin（1970）将其定义为一种控制意识或是对个人的接近度有选择的自由，是一个个体决定关于他自己的什么信息以及在什么条件下可以与其他人交流的权利。Sundstorm（1986）则将私密性分为言语私密性和视觉私密性。前者指谈话不被外人听见，后者指不被外人看见。最有影响力的定义由Altman（1975）提出，他给私密性确定了在某些方面与传统用法相反的定义，即私密性是"对接近自己的有选择的控制"。这一定义的重点是有选择的控制。它意味着人们（个人或群体）设法调整自己与别人或环境的某些方面间的相互作用与往来，也就是说，人们设法控制自己对别人开放或封闭的程度。当私密性过多时就对别人开放，当私密性太少时就对别人封闭。私密性当然不是简单地仅仅把别人挡在门外，私密性也包括社会沟通并让别人分享你的信息，其中控制是关键。私密性很强的人未必就是离群索居的隐士，而是那些分清楚什么时候可以交际往来，什么时候应该离群独处的人，是那些既可以与朋友倾诉肺腑之言又懂得适可而止的人。接近这一术语涵盖了很多感官渠道。为了获得私密性，你可以躲进自己的房间并把门关得严严实实。但有时也会被音乐声、别人的谈话声和卡车的轰鸣声搅得心烦意乱。在开放式办公室里工作的白领职员可以躲在挡板后面而获得视觉上的私密性，但他们常常抱怨办公室里杂七杂八的声响严重地影响了他们的工作绩效。从定义上说，接近我们的渠道有很多，但有两方面是主要的：视觉的和听觉的。如此简洁的定义使得私密性可以包含某些重要的概念，譬如信息。私密性不仅包括与空间有关的对社会交流的管理和组织，也包括与空间关系不大的个人信息的管理和组织。我们都同意如果有人蓄意地收集我们不愿为外人道来的信息，如私拆我们的信件或偷看我们的日记，则我们的私密性受到了严重的侵犯。如超市职工强行对女大学生搜身就是粗暴地侵犯了个人信息并藐视人的尊严。

私密性有四种基本类型（Westin，1970），即独处、亲密、匿名和保留，其中独处是最常见的。独处（solitude）指的是一个人待一会儿且远离别人的视线。亲密（intimacy）指的是两人以上小团体的私密性，是团体之中各成员寻求亲密关系的需要，譬如一对情侣希望单独在一起，这时他们的亲密感最大。匿名（anonymity）指的是在公开场合不被人认出或被人监视的需要。社会名人对此点的体会最深。总统、明星和导演都希望与平常人一样上街购物而不被崇拜者团团围住。有的明星上街不得不戴墨镜，英国戴安娜王妃就是为了躲避狗仔队的追逐而在法国香消玉殒。平常百姓也有匿名需要，譬如你并不想让全城的人都知道你的家庭住址和电话号码。保留（reserve）指的是保留自己信息的需要。无论在公开场合还是私下里，你都不想让别人知道太多有关你的信息，特别是那些私人的、比较羞于见人的，甚至是一些生活上的污点。为了防止此类信息为人知晓，你必须建立一道心理屏障以防止外人干涉。

二、空间的等级

（一）公共空间

城市空间可以组织成从非常公开到非常封闭的空间序列。在这个序列里，最外面的就是公共空间。譬如城市里的体育场和影剧院，市中心的步行街和广场，社区里的超级市场和游乐园等，互不相识的人可以在此相遇。视觉接触、声音传递，在公共空间里的大多数属此类交流，或大或小都未经计划，是例行公事。当然在小一些的环境里，如酒吧、咖啡馆等，人们也会和自己的熟人或朋友把盏而坐。总体上，在公共空间的设计中考虑使用者的私密性，就是对空间进行合理安排，使陌生人之间的例行接触平静和有效。

（二）半公共空间与半私密空间

半公共空间比公共空间更私密一些，如公寓的走道、组织内部的绿地、大楼的门厅等。半公共空间设计时考虑使用者的私密性，重点在于创造一个既能鼓励社会交流。同时，又能提供一种控制机制以减少此类交流，所以半公共空间中如何照顾使用者的私密性是一个难题。在图书馆的阅览室里，私密性设计通常是安排一些小隔板以阻挡读者之间的视线与声响。

半私密空间包括开放式办公室、教师休息室和贵宾室等。这些空间拒绝绝大多数的外来人员，只有该群体的成员才可进入。在半私密空间的设计中考虑使用者的私密性，指的是在空间中创造各种活动的有效界限，否则就会引起冲突。如果这些边界设计得好，它就能满足使用者的私密性需要。如果此类空间里没有足够的视线与声响上的屏障，那就会出现问题。Gifford（1987）提供了一个市政厅设计的例子。在设计时规划部门被安排在一个大房间中，建筑师认为规划部门的工作人员在工作中需要相互联系，并传阅应审核的设计图纸。但使用以后此部门的工作人员怨声载道，因为他们还要做一些不那么公开的活动，如打电话、写报告或两人间的私人谈话。半私密空间的设计并不容易，需要建筑师仔细斟酌，半私密空间如设计得不好，要么是造成空间的使用率不高，要么就是使之成为充满摩擦的地方。

（三）私密空间

私密空间指的是只对一个或若干个人开放的空间。卧室、浴室和私人办公室都是私密空间。一般来说，当人们拥有私密空间时，他们往往更合群，而不是更孤僻。人们拥有一个私密空间时，他们就又增加了一个自我控制的机制。私密空间是人们在生活里的真实需要，在住宅、办公室和社会机构的设计中，如果人们拥有了私密空间，他们遇到的社会压力也会减少很多。

三、私密性与环境设计

建筑师的目标是尽可能为每一个人提供足够的私密性，要达成此目标，并不仅是说要建造更多的面积，以保证每个人都拥有单独的部分。私密性意味着在对别人封闭的同时，又保留对别人开放的可能性。重要的事情是允许人们可以选择：是对别人开放还是对别人封闭。所以环境设计的重要性在于尽可能提供私密性调整的机制。

（一）办公室

工作是人们生活的重要内容，每个人都希望有一份好工作，有好的收入、好的社会地位和好的工作环境。工作环境对办公人员的工作效能与工作满意度有着重要作用。过去，人们在设计办公室时，对空间的合理使用及对办公人员和公司的需要往往注意不够。以往办公室的空间布置主要考虑每平方米可安排几个工作人员，而不是他们的工作效率，但恰恰后者才是设计的基本点。拙劣的设计会使经理和雇员感到沮丧，近来环境心理学家针对办公室设计做了大量的调查工作，工作人员在工作时的私密性是研究的焦点之一。目前已发表的对办

图5-6 现代办公室的隔断设计

公室中视线、声响、社交和信息的私密性研究都表明办公室里的布置情况远远不能令人满意。尽管如此，工作人员还是认为工作时的私密性非常重要。Farren.kopf和Roth做的一个关于学校办公室的调查发现，工作人员把私密性看得比空间的大小、室内温度、通风、家具、灯光、视野和美观等更为重要（图5-6）。

1.私密性、工作满意度和工作环境满意度

每个人在工作时都有一定的私密性要求，在工作时不希望受到别人的干扰，不希望别人在自己身边走来走去，有意无意地扫视自己手头的工作，讨厌身边一些无聊的谈话、闲言碎语，不时响起的电话铃声会打断思路、分散工作时的注意力。大量的调查表明，工作时的私密性和整体的工作满意度有关。缺乏这些私密性的办公室会影响员工的工作满意度。一般说来在私密的办公室里工作的人，要比在与人共享的办公室里工作的人对工作更满意。Oldman和Brass（1979）的研究工作说明，雇员们从传统的封闭办公室迁往开放平面的办公室以后，工作满意度大幅下降，而且在以后的测试中工作满意度也一致偏低。

私密性与工作满意度之间的相关关系存在两个层次。在一般意义上，私密性对个人的控制感、自尊感和认同感有重要的价值，这些价值在工作中同样珍贵。私密性意味着雇员们在工作时有一种更自由的感觉，更有创造性、独立感和责任心。除了以上的感觉之外，私密性

与雇员们对工作环境的控制意识有着强烈的联系。Kaplan发现对作业缺乏控制是导致雇员们在工作场所心理和生理紧张的重要根源。另一方面，私密性还意味着一个人的社会地位，私密性强可使人觉得这个人在公司里的社会地位高。在公司或组织中，私密性强的人常常是高级职员或管理者，他们不是有着个人办公室，就是与普通职员的办公地点有一段距离。这些人的收入又比较高，所以他们对自己的工作和工作环境要求更高是不足为奇的。从这方面来说，私密性意味着工作条件的改善。

在具体的层次上私密性也与工作满意度有联系。工作场所的私密性意味着降低外界的干扰和减少令人分心的因素。这些可以降低他们的工作压力同时使其集中注意力，雇员们可能更乐于主动工作，容易取得成绩，个人能力容易得到发挥，积累更多的工作经验，将来会获得更大的成功。有的学者所持观点和我们的不一样。Sundstorm（1986）坚持认为私密性和工作满意度的关系会随着时间的推移而减弱。他说任何具体环境的影响都是短暂的，因为人们有着非凡的适应能力，此种具体环境就包括建筑中的私密性。任何工作环境的改变起初都被看成是新奇的，如从个人办公室搬到开放式办公室，一开始环境的变化对人们的知觉有强烈的影响，然而在新环境里待上一段时间以后，人们便会接受此种变化或认为此种变化是理所当然的。因而，如果说私密性对工作满意度有影响的话，此种影响也只是发生在一段时间里。难道雇员们真的对环境"麻木"了吗？ DuVall-Early和Benedict（1992）就这个问题调查了国际职业秘书公司弗吉尼亚分部的130名职员，他们请被试者回答满意度问卷上的各个问题，这些人在同一工作场所的时间有长（一年以上）有短（一年以内）。结果发现尽管私密性不是和工作满意度的所有方面都有联系，但它确实与总体上的工作满意度有关，也和其中的某些方面有关，譬如工作中的创造性、独立性、社会地位的责任感等。这个研究多少解开了一些疑团。

工作满意度非常复杂和综合，除了私密性以外，还与工资收入、公司政策、社会福利等与环境设计毫不相干的因素有关，相比而言，还是工作环境满意度与私密性的关系更密切一些。确实，环境心理学家更重视工作环境满意度与私密性之间的关系，因为建筑师不是超人，他唯一承担责任的地方就是空间的组织和设计。在探讨工作环境满意度与私密性之间关系时，研究人员把私密性在技术上处理成"对空间接近的有选择的控制"，也就形成了"建筑私密性"的概念，它与私密性概念的区别在于它不再包括与空间无关的社会交流，如信息的组织与管理。建筑私密性特别强调工作场所的可达性，也就是说那些被隔墙或挡板围起来并且可以上锁的办公室，其建筑私密性要高于那些很多人一起办公的开放式办公室。建筑私密性是环境满意度的重要因素，如果在空间里雇员们不能对别人的接近有任何控制，无论是身体上的、视觉上的、还是听觉上的和嗅觉上的，按照信息超载理论，雇员们所遇到的令人厌恶的社会接触的机会将大大增加，这将导致雇员们负面的感受，使他们感到沮丧，导致工作压力增加。

在私密性的污染源中，最令人厌恶也最难以控制的就是噪声。噪声是一种环境压力，是人们对环境不满的根源之一。噪声既影响了私密性，也影响了人们的工作环境满意度。办公室里此起彼伏的电话铃声、同事们的谈话声，空调的启动声和复印机的滚动声等，在办公室里形成复杂、混合但很不悦耳的"交响曲"，除非是在个人办公室里。在开放式办公室中大量的杂七杂八的声音几乎难以避免，这也是为什么个人办公室要比开放办公室的私密性高的主要原因。

针对办公室的环境评价研究已经指出，工作人员对其直接工作空间的评价在他的工作环境满意度中最具影响力，所以工作场所中决定工作人员评价的关键性设计特征，往往出现在与他们关系最密切和最个人化的部位。最有说服力的证据是Marans和Yan（1989）提供的。他们对美国工作场所做了全国范围的调查，发现在封闭办公室里和在开放式办公室中，私密性仅次于空间评价、照明质量和家具品质等诸要素，名列工作环境满意度诸要素的第四和第五位。在稍后的一个调查中，Spreckelmeyer（1993）选取了不同的样本，他发现在封闭办公室里，言语的私密性名列满意度诸要素的第三位。在开放式办公室里，视觉私密性名列满意度的第三位，仅次于照明质量和空间评价，并在家具品质之上。

2.个人办公室

和住宅一样，受欢迎的办公室通常是较大的、较封闭的且能"对接近度可控制的"办公室。与有很多人一起办公的大办公室相比，个人办公室的私密性程度高，也更受人欢迎。大办公室里有太多的干扰和令人分心的因素，但在个人办公室里，门与墙体是保证私密性的关键，个人办公室能让不必要的令人烦心的因素止步于门前或墙外。Block和Stokes（1989）通过实验室工作发现，与四人在一起工作的办公室相比，被试者更青睐个人办公室。人们总是希望有自己的个人办公室，要是能做到这一点，除了私密性以外，他还能得到其他的好处，但对公司而言，这实在是太不经济了。公司要求工作人员之间有良好的沟通，可顺利地交换意见和通畅地往来文书。于是开放式办公室，又称为景观办公室逐渐流行起来。

3.开放式办公室

开放式办公室最先是20世纪50年代末在德国发展起来的，它试图通过把各部门合理地并置在一起以实现良好的通信与信息沟通，其目的是为全体员工提供一个舒适的工作环境，同时又能经济地使用空间，提高管理部门改变办公室布局以适应工作方式之改变的能力（图5-7）。同传统的大办公室以几何学规律配置桌椅不同，开放式办公

图5-7 开放式办公室

室与环境美化运动密切相关，在这些宽敞的大空间里，设有很多绿树盆景和低矮的屏风式隔断，它们与自由布置的桌椅一起，有机地组合成适用的空间。当工作方式改变，或对环境感到腻烦时，随时可方便地移动桌椅与隔断，就能使办公室获得新的组织和形态。

开放式办公室中的私密性显然低于个人办公室的私密性，但开放式办公室量大面广，是市场的主流。据一份调查说，全美销售的办公楼中50%以上是这种开放式办公室。所以开放式办公室的各设计特征与私密性之间的关系更受到学者们的重视。在开放式办公室中，如果工作空间周围有各种隔断的话，那将有助于提高雇员们工作时的私密性。Sundstorm等人（1980）发现，随着周围空间隔断数量的增加，

雇员们的满意度提高了，私密性增强了，工作绩效提高了。Oldham（1988）也发现在开放式办公室里增加一定数量的隔断以后，雇员们的拥挤感减少了，私密性与满意度也提高了。除了隔断的数量以外，隔断的高度也与私密性有关。一般来说，隔断的高度越高，被试者们对私密性、交流和工作绩效等项目的评分也越高。当然，如果隔断隔到顶棚就成为隔墙了，隔墙的私密性最高。典型的隔断由单片的、实质而不透明的板构成，通常比人坐着时的视线略高一点。另一种隔断的形式是由板材通过插接组合在一起，成为围合工作空间的面。此种组合件往往有一片隔板的高度等于或低于人坐着时的视线。Oneill（1994）的工作表明，组合隔断与单片隔断相比，提高了工作人员的私密性并提高了对工作空间的满意度。尽管在单片隔断的工作空间中，隔断的高度一样且略高于人坐着时的视线，但组合隔断中有一片隔板略低于人坐着时的视线，如此，工作人员可通过在隔断后挪动位置来控制自己在别人视野中的暴露程度。当他觉得不舒服时就可以把椅子移动到高隔板之后，别人就看不到他，于是私密性就提高了。这也再次说明，私密性是人们对开放与封闭的控制程度。可调节的、性能优良的隔断只能遮挡视线，但对噪声干扰无能为力。办公室里噪声干扰确实是难治的顽症。但设计师在此方面也应该是有所作为的。办公室设计时应进行声学处理，以减少噪声的音量，如铺地毯、做吸声吊顶，在墙面和隔断上铺订吸声板等措施都可以减小办公室里的噪声。一个计划良好的折中方案应既能提高办公室里的声学控制，也能提高雇员们的私密性和满意度，声学设计应保证私密的谈话不被相邻者听到。

　　DuVall-Early和Benedict（1992）说，在开放式办公室里巧妙地布置桌椅也能提高私密性。他们发现如在工作时看不到同事也可以令人有私密的感觉。这意味着在共享的办公空间里职员们背靠背办公，不产生视觉接触就能创造某种程度上的私密感。这个研究还认为，即使在工作时会看到同事，但与他们保持一定距离，如至少大于3 m，也能促进私密感。此处有一问题，3 m是否就是私密感的最低限度，是否随着距离的增加私密性也就随之增加，这需要以后的工作来检验其中的关系。

　　总体上，工作环境设计出现了深刻的变革，这是与环境的快速变化，跨国公司在全世界迅猛发展以及办公自动化的普及有关。工作环境的这种变化不仅反映在办公室里，也反映在设施和工作组织的不断调整之中。遍及全球的经济与市场的压力正深刻地改变着工作的性质，各个公司和机构被迫持续而迅速地重组自身来应付越来越大的竞争压力，一种全新的工作场所设计策略正应运而生，此种设计策略的主要目的在于减小环境变化给员工所带来的冲击，增强工作本身的特性以及缓和工作中的巨大压力。

于是组织中的个人与团体的复杂关系突显了出来，人们意识到只有增加投入才能增加自己在竞争中的优势，此种投资就包括对员工的各种培训费用和分析他们的各种需要。最新的办公室设计方案不仅须考虑建筑物整体的结构与布局，也应考虑到员工们在办公时的工作需要，以及在一个作业完成后员工们为下一个作业进行重组的可能，建筑师必须在办公场所中采取有效措施减小员工们的工作压力，以适应高度变化和流动的环境。这里明显存在一个矛盾：一方面为了适应并应付越来越强大的竞争，环境的灵活性必不可少；另一方面不稳定的工作环境必然会给员工们带来较大的工作压力。所以，开放式办公室正好能成功应对挑战，它有着个人办公室无可比拟的优点：易于管理、便于组织和调整，尽管其在私密性方面有某些缺失，但可以通过环境设计使私密性的缺失减至最低限度，所以开放式办公室比个人办公室具有更广阔的前景。

（二）社会机构

有的环境是为社会上一些特殊的群体建造的，譬如养老院、大学公寓和监狱等。老人们将在养老院里颐养天年，大学生将在大学公寓里住上少则三四年多则七八年，监狱则更是一个特殊的环境，其建造的目的与其他环境的建造目的迥然不同。这里我们将探讨在大学公寓和老年公寓中的私密性的情况。

1.大学公寓

作为生活环境，大学公寓与养老院、监狱等大为不同，大学公寓并不是大学生们唯一的生活环境，但从学生们在公寓里所待时间、完成的作业以及从事的各种活动而言，大学公寓在大学生的学习生涯中占很大比重。以前我们普遍对学生公寓的研究和设计不够重视，现在随着大学生人数的增长，政府对教育投入的逐年增加，则对学生公寓的投入也会大幅增加。

从学校的角度来说，大学公寓就是以合理的低廉费用为学生提供居住的地方。对私立大学而言，大学公寓是学校收入的重要来源；从学生父母的角度来说，大学公寓是为他们的子女提供学习、休息和生活的场所；然而最重要的是从使用者即大学生来说，大学公寓是满足其求学的、社会的和个人的需要之环境。不论在什么地方，一定程度的私密性对学生的有效学习都是必要的。在公寓里学生们除了睡觉、个人活动和娱乐时希望有私密性以外，也十分重视学习时的私密性。Stokes的调查说，公寓是大学生们学习的重要环境，他们55％～78％的学习是在公寓里完成的。受调查的学生中有80％比较喜欢小一点的地方，而不喜欢到大空间里学习，有85％的人喜欢单独学习。

此类研究工作对合用公寓的设计和制订管理政策很有价值。当同房间学生人数增加时，房间内学生的学习时间普遍就减少了。如Walden等人的工作说明，当男大学生人数由两人增至三人时，他们在公寓里的时间就少多了。所以多人公寓迫使大学生们寻找其他空间以满足学习需要，如图书馆或公寓中的休息室。然而在理论上这种空间与公寓相比，它的私密性都比较差，因而当学生们在公寓中或其他地方无法获得足够的私密性，特别是学习上的私密性时，其学习成绩差是在预料之中的。

在公寓设计上，似乎走道型公寓在导致私密性缺失方面显得严重，特别是双负荷走道，其服务的房间数多，使大学生之间有太多的相互作用与交往，这导致拥挤感大为增加。Valins和Baum在20世纪70年代的系列研究说明走道型公寓里的居民由于遭受了更密集的社交影响，因而普遍有回避社会交往的倾向。走道型公寓有一个难以克服的缺点是噪声干扰。走道里来往人众，谈话声和杂七杂八的声音难以避免。Feller曾建议调节走道上的灯光照度来控制走道里的噪声，以利于休息和读书。

在空间策略上，可能套间式公寓，即有若干个房间围绕一公共起居室的设计模式，是一个很不错的模式。Gifford（1987）曾对一学校公寓改建前后做了比较研究。在改建之前，很多学生都住在一个没有分隔的大房间里，当时改建设计提供了三种方案：套间式（二、三或四个房间围绕一起居室），走道式（房间沿走道布置，一人或二人一间房）和组合式（如同一开放办公室，在现存的较大空间里分隔出一部分做睡眠用）。分别采用这三种方案改建完毕付诸使用以后，他们发现在改造成套间式和走道式的公寓里，学生们与别人的交往较频繁，并比改建之前更多地使用了自己的空间。

这个研究有三个启示。首先，组合式设计最糟糕。当很多人共享一个大房间时，如果仅划分睡眠区而不对其他活动提供控制私密性的手段的话，也无法控制噪声干扰，那么学生们在公寓里私密性之缺失也是相当严重的。第二，在套间式设计中，不能以缩小私密的或半私密的睡眠区为代价，而提供一个较大的公共起居室，否则就是把学生赶到公共起居室去读书，于是又会引起同样的问题。第三，短走道和低密度（一人或二人一间房）的走道式设计效果并不差。此种设计的成功之处在于它允许学生能有效地控制自己的实质环境，如照明、温度以及自己的社交生活。他们可以较好地控制什么时候与别人交往、是否交往、与谁交往。引人注目的是在这个走道式设计中，也提供了某些象征性的障碍物来提高居住者对自己空间的拥有感。

以上都是国外关于大学学生公寓的研究，对比我国的大学公寓则有较大不同。其中主要有三点：首先是我们大学公寓中的密度还是比较高的；第二是大学生对公寓没有选择权；第三，也许是最重要的，即我们的大学公寓中，其学生的生活模式与国外相比有很大的不同。公寓主要是作为休息的场所，学生们通常不在公寓中而是在各专业教室和图书馆里学习。但现在大学公寓的住宿条件在逐渐好转，以上海为例，市府要求在2000年各大学公寓的标准是四人一间。与此相应的是越来越多的学习会在公寓里完成，特别是个人电脑逐渐在学生公寓里普及，以及公寓中学生人数的减少，都有助于学生们在公寓里学习，这些都会导致学生们对公寓里的私密性有更高的要求。此外随着房地产市场的完善，将会有学生放弃大学提供的学生公寓，而在校外租房，引起学校的学生公寓与房地产市场的竞争，无论这场竞争谁输谁赢，私密性毫无疑问将是一个主要因素。

2.老年公寓

对住在医院、养老院和老年公寓等公共机构中的人来说，私密性是个大问题。这通常是因为没有足够的钱可以使人们拥有一个独用房间的缘故，而其他形式的私密性也很难获得，譬如在这些地方与朋友或家人亲热的机会也不多。

Howell和Epp（1976）曾对老年公寓中53户的设计情况进行考察，以观察老年人的行为模式与私密性的关系。她们研究了高层老年公寓中老人们的社交情况。两幢高层公寓的设计特征大致相同，其细微差别在于B幢由入口到电梯须经过交谊厅，A幢却不需要如此。于是研究人员想弄清楚此设计上的差异是否会产生影响。她们发现，如果一幢建筑物强迫它的居民在交谊厅碰面而事实上他们不希望如此的话，会使老年人觉得自己好像生活在一个金鱼缸里，彼此更不和睦，更不愿意使用交谊厅。相反A幢中居民们是被鼓励和暗示，而不是强迫彼此交往。A幢中的居民可以在几个活动室中很舒适地私下交谈，结果他们使用这些空间的频率很高。两位研究人员还通过与上百位老人谈话，观看房间里的空间布置，以及老年人对这些空间布局的行为调整和适应情况，提出了一些可以最大限度提高私密性的设计准则，其中的一些是与空间有关。

与Howell等人的现场观察不同，Zeisel（1978）等使用已出版的研究文献作为基本资料，提炼出老人的活动行为准则，他们找出并分析参加全美建筑竞赛的作品来说明一般设计者应如何在设计上照顾到老人的需要。在综合这些结果以后，他们举办了一个专家审核会议，提出设计准则，其中重要的一点，就是老年人应对"后台"区域有一些控制力。Zeisel等人（1978）认为，对老人而言，其行动随着敏捷平衡能力的减弱而变得迟钝。他们是否能在公寓里的各个空间和房间很容易的来往，变得更加重要。若各空间和房间来往不便时，不仅造成不方便，而且会危及老人的安全和健康。但实质环境上的容易往来，不一定要以放弃"后台区"的视觉私密性来换取。后台区包括卧室、厕所和厨房，为了在访问面前保持老人们的自尊，他们仍然需要控制视觉的可及之处，就如后台区比较私密的活动如盥洗、睡觉和做饭菜等。这样，公寓单元的设计必须小心地注意减少内部公共与私人区域之间的实质距离和障碍，同时又要增加后台区的视觉私密性。Zeisel的准则和Howell的建议听上去很有道理，遗憾的是在大多数老年公寓中，对视线、声响和亲密等方面的私密性，在设计上是欠考虑的。

私密性是一种能动的过程，通过它，个人可以调整他们与社会的交往，使自己与他人多接触或少接触。所以，私密性是一个中心概念，它在个人空间、领域性和其他社会行为之间起着桥梁的作用。

第五节　领域性

领域性是一个非常广泛的现象，它既发生在大尺度的环境中，也发生在我们身边。国与国之间需要勘定明确的边界，否则摩擦不断甚至导致战争。在日常生活里，如果有陌生人未经允许擅自闯入你的办公室，或是有人占用你的桌子，你定会感觉不快。生活里到处都有领域性行为，一旦意识到它，你就会发现它无处不在，下面就是一些随手拈来的例子：学生们为了在图书馆阅览室里占有一个座位，便在桌子上放些书或是本子；孩子们很快学会用"我的"一词来指他的玩具，要是别的孩子动用了这些玩具，他就会上去把它夺下来；对停车难感到头痛的公司会花钱租一些私有停车位；居住区纷纷用围墙围起来，入口处设置了大门并由专人看守；学生们在寝室门上写上了自己的名字等等。这些仅仅是人们通常使用领域的几个例子，但它们包含了我们下面要讨论的具体问题，譬如，领域必有其拥有者。这些拥有者小至个人、集体，大到组织或民族。领域有不同的规模，小到物体、房间、住宅、社区，大至城市、区域和国家。最后，领域常常标有记号以显示出拥有者的存在。

一、领域性的概念

尽管领域性行为非常普遍，概念也不算新，可是领域性行为研究的数量与它在生活中的地位并不相称。目前如何给领域性一个明确的定义还有困难，在如何真正对其研究上也难达成一致。

（一）领域性的定义

Edney（1974）认为领域性包括实质空间、占有权、排他性使用、标记、个人化和认同感等，然而这些显然不是该清单上的全部内容，至少还可以加上诸如控制、支配等。定义缺乏统一说明，每个定义都强调了不同内容。Edney说大多数定义都是下列三类中的一类。一是强调了主动保卫某一地区和物体的重要性，因而领域性就是针对一特定地区或物体实行保卫而已。二是除了强调保卫外，还承认需要注意其他性质，譬如Brower说领域性是生物在它的实质控制周围建立边界的一种习性，在界限内主持其空间或领域并加以保卫以防侵入。三是则避免使用保卫一词，譬如有的定义是：领域行为涉及某些个人或团体所专用之物体或地区。总体而言，领域性指的是个体或团体暂时或永久地控制一个领域，这个领域可以是一个场所或物体，当该领域受到侵犯时，领域拥有者常会保卫它。显然我们的总结很不简洁明了，只是一个操作性的定义而已。

（二）领域的类型

世界上有无数个领域，世界的快速变化也使很多新的领域不断地生成。这些领域有大有小。有的属于个人控制，有的则与别人共享。为了更好地理解领域的运作情况，需要对这些领域加以分类。此方面最合理的分类体系是由Altman和Chemers（1984）提出的，他们认为所有的领域可归纳在三个类别里，即首属领域、次级领域和公共领域。

1.首属领域

首属领域（primary territories）与社会学中的首属群体，又叫初级群体的联系密切。所谓首属群体，指的是由面对面互动所形成的具有亲密人际关系的社会群体。最早提出此概念的是美国社会学家Cooley（1909），他说"初级群体指的是具有亲密关系的面对面交往与合作关系的群体。这些群体在多种意义上是初级的，但主要意义在于，它们对个人的社会性及其思想的形成是至关重要的。……是人性的养护所"，这类群体主要包括家庭成员等。首属领域就是由个人或首属群体拥有或专用，并且对他们的生活而言是重要的、基本的和必不可少的。卧室、住宅、办公室和国家等都属于首属领域。虽然领域的规模和领域拥有者相差悬殊，但这些领域对其所有人而言在心理上极其重要，它承担着重要的社会化任务，并能满足人们的感情需求。这些领域通常受到拥有者完全而明确的控制，是与他们的身体精神融为一体的地方。

2.次级领域

次级领域（secondary territories）和社会学中的次级群体有关。次级群体中的人可能是重要的，但他们只涉及个人生活的一小部分。典型的例子就是组团或同一楼里的邻居。次级领域和首属领域相比其心理上的作用较少，拥有者也只有较少的控制权。但尽管如此，它对拥有者而言也具有明显的价值。例如组团绿地、住宅楼里的门厅和楼梯间，大学里的公共教室等都属于次级领域。此类地方与住宅或专用教室相比，其重要性低，其中的流动性也很大，但这些领域无论对人们的生活，还是对首属领域来说都很有价值。

3.公共领域

公共领域（public terrotories）是对所有人开放的地方，只要遵守一般的社会规范，几乎所有人都能进入或使用它。公园、广场、商店、火车、餐厅和剧院都是公共领域的例子。公共领域是临时性的，通常对使用者而言重要性不大。在文明和民主的社会里，只要遵守一般的行为规范就能使用公共领域。例如，只要不赤身裸体就能走在大街上，只要买票就能上车或看电影。公共领域在一切文化中都有，不管一个社区有多大或多小，人们总可以看到其大多数成员都可以使用的公共区域。

在三种领域里，次级领域最复杂，它既有私人的成分，又有公共的性质。它是首属领域和公共领域的桥梁。在次级领域里，领域里所有人的身份和地位并不明显，实际上领域拥有者对外人只是表现出某种程度的控制权，并且有可能表示出可以与陌生人共享或轮流使用该地方的提示。所以此种控制和使用是不完全的和间断性的，这也造成了次级领域的一个重要特性，即它存在误解和冲突的危险。

次级领域和建筑设计里的半公共空间和半私密空间相似。它们之间的区别在于，半公共空间或半私密空间虽然也强调了半公共和混合使用的性质，但它还是属于实质环境的范畴。次级领域则在其基础上进一步强化了涉及场所和物体的使用与控制行为，因而它也强调了实质环境中的社会层面。Altman和Chemers的分类体系并不是唯一的，尽管它已被广泛接受。Lyman和Scott曾建议另一种分类方法，即相互作用领域和身体领域。相互作用（interaction territories）领域是暂时由一组相互有关的个体控制的区域，如教室、足球场、会议室等，此类领域通常有标志物，无关人员进入这些地方会被看成是干涉或冒犯。身体领域（body territories）与人的身体有关，但与个人空间不同，它不是指身体间的某个距离，它的界限为是否碰到人的身体。人们对自己的身体受到别人的触碰是很敏感的，通常会产生强烈的反应。

（三）领域性行为

从领域性的定义可以看到领域性行为涉及很多方面。不同类型的领域性行为可能是按不同的规则起作用的。但人们涉及领域的行为通常与领域的占有和防卫有关，对领域性行为的研究也只强调了少数几个主题。

1.个人化和做标记

确立领域的基础就是要得到旁人的承认。想做到这一点，除了明确地告诉他以外，如"对不起，这是我的房间，请你离开"等，还需要明示或暗示领域的归属。例如国界线上的界标就是一种明示。所谓暗示就是在策略性的位置上安排一些线索来告诉旁人领域的归属。典型的如住宅庭院前的栅栏、围墙和树篱等。我们可以将它们归纳为两种领域建立线索的行为，即个人化和做标记。

个人化就是为领域建立明示线索的行为。如学生们把写有自己名字的纸条贴在公寓门上，公司经理在门上挂一块"经理室"的牌子。人们常在首属领域和次级领域中建立个人化的标志物。与此相比，做标记则常常发生在公共领域里，如学校、餐厅、街道等。学生们为了使自己在图书馆阅览室的位子不被别人占据，在离开时会放上一些书。做标记就是为领域建立暗示线索的行为。在拥挤的火车上，旅客为了不使座位被别人抢走，动身去餐厅前也会在座位上放上一些自己的小东西。

我们可以在很多场合里找到个人化和做标记的行为遗迹。在城市、社区、大街、广场和住宅等地方，如果我们开始用这样的眼光来打量周围环境，领域的标志品真是无处不在。例如进入一个城市，我们首先看到的是公路上方一个巨大的牌子：××市欢迎你。城市的主要地区或主要交通干道在入口处也会写上此类的标语。再如社区在入口处设有大门，门上写着××新村等。又如传统上海里弄的入口上方往往悬挂刻有弄堂名字的匾额，这些东西是摄影爱好者和怀旧人士所青睐的景致，但在我们看来，它们是最好的领域标志品。在更小一些的尺度上，一个书包、一件毛衣、一本小册子、一双筷子，都有可能是别人用来声称领域主权的东西，而且我们通常也默认此类小物品所声称的内容。

领域标志品对领域限定的实质要素从强到弱排列依次为墙体、屏障和标志物。墙体把人们隔离在两个空间里。墙体的材料、厚度和坚实程度决定了隔离的程度。屏障，包括玻璃、竹篱、浴帘等比墙体更有选择性，它们通常只分隔一到两个感官的接触，因而它们既把人们分开，也把人们联系起来。几种材料搭配在一起，配合各感官，可以造成不同程度的分隔和联系。屏障也可以设计成由使用者选择控制隔离的程度，譬如玻璃门上加锁与门铃，为家人、朋友甚至小偷提供各种程度的穿透性。

标志物可以分为两种，一种是空间方面的。譬如房间顶棚的高低，低坪标高的不同，铺地材料和方式的变化，灯光颜色和造型的变化等。比这更明确的标志物是字符性的，包括数字和符号。譬如校长室、经理室，××人的住宅等，这些又可称为个人化的标志。最后，领域限定中最模糊和最暧昧的元素就是物品。放在空间里的东西可以视为空间的分隔物，其本质是一种阻碍。例如城市广场上的雕塑可把空间分开来。两家共用庭院中的一根柱子也可以把空间在感觉上相隔开。

除了上述三种建筑物品以外，领域性研究更重视那些带着人的体温和呼吸的物品。Sommer（1969）公布了他主持的几个领域标志品使用情况的调查，这些工作主要是观察使用人在短暂离开时，如"用领域标志品保留其在图书馆阅览室里的座位"的情况。他发现在图书馆里的人不多时，几乎任何标志品都是有效的。在22次实验里，所使用的标志品由笔记本到旧报纸等不同的物品，领域被人侵占的只有三次，两次是旧报纸，一次是廉价书。Sommer指出，确认作为标志品的东西，不应是杂乱的东西，而且"这个物件要具有作为领域标志品的象征意义——'勿占用'或'已有人用'的标志；或具有价值的东西，如外套、钱包，或物主不会随意丢弃的东西"。个人的标志品，如毛衣和夹克比非个人性的标志物更能有效地阻止潜在的入侵者。但也有有趣的例外，Hoppe有一次在酒吧进行的研究中发现，以半杯啤酒来保留座位要比一件夹克更有效。

在高密度的情形下，各种标志品的效用又如何呢？Sommer进一步调查了一间高密度的阅览室。调查人员早早来到阅览室放妥标志品以后，即在另一张座位上观察。在未放标志品的地方，在两小时开放时间届满之前都有人使用了。由此可以得出每一个领域标志品都使占用座位的时间延迟了，只是有些东西比别的更有效。他还报道了另外一项研究，在此项工作中，标志品留在一所饮料店的桌子上。这些标志品包括一包三明治、一些平装书或一件毛衣，都有使人避免占用该桌子，而去使用临近座位的倾向。Edney说，那些住宅有明显领域标志品（如标志、树篱或围垣）的居民和另外一些住宅无这些标志品的居民相比，通常居住在该处的时间较长。把这个结果与其他一些标准综合起来看，我们可以认为，那些住宅有领域标志品的居民对该地方有较长期的约束，并准备在此地长期居住下去，且对领域被人侵犯也较敏感。从领域限定的要素而言，墙体、屏障、标志和物品都属于领域标志品。值得注意的是，人们常常使用其中的两项甚至更多来为自己的领域服务。在首属领域和次级领域里，人们通常使用限定性强的标志品。而在公共领域里则多使用限定性弱的领域标志品。

2.占有和使用

领域的控制常常用标记或者其他标志品表示所有权。通常人们也认可这些东西所表达的内容，并回避这些场所。其实简单地占有和使用场所也是向人们表明对领域控制的一种方式，一个地区的特性常常由占有者的存在及其活动决定。上海外滩就是很好的例子。在改建以前，它是著名的情人幽会的地方，而且不知从何时开始，这个特性就形成了。晚上情人们总是双双倚在江堤上，面向奔腾的黄浦江，谈情说爱，任身后灯火阑珊。虽然这里没有什么明确的领域标志品，但其他人群很少在这个时候涉足此处。仅仅是情人们的存在及其独特而明显的特性就给人以强烈的领域感。由于公共场所的某些地点反复被一定的人群占用，因此该地点的领域特权就可能被大多数人所默认。譬如在公园里，某个地方被一些人占领了，其他人就会避免纠缠绕道而走。不同的群体在公园里都有自己的地盘，尽管这些地方表面上没有任何标记，而且占有者对此区域也没有任何合法权利，但大家都心照不宣，其他人很少闯入。有时一块绿地在不同时间段上会呈现不同的特色：早晨，老太太们在此处挥舞木兰剑进行晨练；放学后，这里或许是孩子们踢球的操场；而到了晚上，这块地盘就完全属于青年男女了。在这些事件中都没有明确的界限或标记以表明所有权，但使用方式就足以明确领域的归属。

（四）领域性行为的作用

领域性行为有着不同的作用，其中多与基本的生活过程有关。领域性行为在社区和个人的各个层次上都是人们日常生活的重要组成因素。领域性行为起着促进社会过程的作用，如制订计划，预测他人的行为，参与不间断的活动和维持使用者的安全感等。没有领域性，社会就会一片混乱。基本上领域性的作用可以分成两方面，一是认同感，二是安定和家的感觉。

1.认同感

领域性通过实质环境这一媒介使个人和群体得以显示他自身的个性和价值观。人们把他的个人印记表露在自己所拥有的场所上，这不仅是为了调整与他人的交往，同时也可以此来建立个性和特色。个性化的标志出现在各种不同的场所中，如住宅、办公室、学生公寓和教室等。学生们在墙上贴满了足球明星、摇滚歌手和好来坞影星的画片；经理办公室的书柜上放着自己的毕业证书和荣誉奖状的复印件，桌子上更是有家人笑容可掬的照片。人们努力地点缀其场所并突显主人的爱好和品位，并通过这些标志来帮助确立领域的控制。Altman和他的同事分析了犹太大学的新生入学后在头三个月对公寓墙壁上的装饰。他们发现90％的新生在到校两周内就把墙壁布置好了。当第一个季度结束时几乎100％的学生都把墙壁布置好了。常见的布置内容有地图、日历、风景画、运动图片、摇滚乐队的照片，以及宗教和政治宣传品。这些多数是商品，但很能反映出他们的兴趣、爱好和个性。这些个性化的标志，一方面向别人表示领域占有者的控制，另一方面也表明自我认同。更大规模的领域，如聚落、村庄和社区，领域性行为也和认同感有着密不可分的联系。严明（1992）引人入胜地分析了西双版纳少数民族的聚落。傣、哈尼、布朗等民族建立村寨时都要按照古老的传统习惯举行仪式，并要挑选寨址，选定村寨的范围和寨门的位置。"布朗族在选定寨址后，群众按寨主或佛爷的指点，用茅草绳与白线先把寨子的范围围起来，在中间栽上许多小木桩……然后建立四道寨门，每道门旁都要栽两根村桩，象征守寨门的神"。寨门和村寨的象征性范围线共同构成了聚落的边界。这一边界虽然没有以较多的实物形式出现，但它具有神圣的约束作用。这使村寨聚落从自然环境中初步地划分出来，使之成为能够控制的领域，这一领域相对于保卫它的"外部"环境而言，是作为"内部"来体验的。

现代社区也是沿着这个思路来确定边界的。社区四周用围墙围住，入口设置由专人看守的大门。这样既利于安全防卫和聚落的稳定，又使社区更具场所感，增进居民对社区的认同感和归属感。

2.安定和家的感觉

没有对不同空间的所有权、占有权和控制权，人们的相互交往就会一片混乱。领域性可使人们增进一种对环境的控制感，并能对别人的行为有所控制。Edney说"生活上没有了领域性，势必会出现无关联、无效率以及无基本反应的集合体之特性。自然的、社会的和社区的生活也会受到损害。一堆乱闯乱转的个人并不属于任何一个特定的地方。首先要找一个人就会有困难，同样要避开一个人也有困难。"如果没有领域性，人们的生活将是没有组织的、艰辛的，生存也将飘忽不定。由于没有地方安家，人们只好随处移动，这将破坏社会的相互联系的生活方式，使得人们彼此间很难相互避开。没有领域性，那些需要抽象思维的复杂行为以及在较长时间内承诺的行为也将无法进行。无法确定具体时间和地点，无法约会，无法安排未来事项，只能做一些局部的安排。例如在宿舍里如果没有属于自己的领域，就只好找地方睡觉，还得每天找地方储藏自己的财物，一切都变得没有秘密可言。Altman等人（1971）做了一项研究，这是海军协作功能研究计划的一部分，主要是观察自愿的两人一组在与社会隔绝的宿舍里生活和工作4～10天的美国海军士兵的行为。两项研究都表明，在头一两天就建立起领域的小组，将发展成生存能力较强且功能较好的群体。他们在工作中效率较高，较少显示压力的症候并能在隔绝的环境里待更长的时间。那些没有早早建立领域的小组则容易发生冲突，协作功能差。一个组织得较好并获得成功的小组的特点是，他们在第一天就确定衣服放在什么地方，谁在什么地方储存物品，就餐时间怎么安排等领域性问题。通过这些领域性行为和其他手段，他们能在恶劣的条件下生存下来。Oneill和Paluck为领域性行为与群体稳定性的关系又提供了有利的证据，他们在对弱智男孩的研究中发现领域性行为导致放肆行为减少。Paluck和Esser也以低能儿童为被试者，考察了17名康复中心的男童。在10周的观察中，建立领域的直接结果就是引发打架、戏闹和不守纪律的行为明显减少，儿童在生活中受到了某些约束。上述各种都表明，领域性行为和社会体系的安定确实有着积极的联系。

另一方面，在越来越拥挤的城市环境里，每个人保持一个区域留作己用，不容他人侵犯是非常重要的。汪浙成、温小钰的小说《失落》中有段文字描写了奇妙的领域性感受。主人公袁方和妻子在一次挽救一个女人命运的途中，由于简陋破旧的旅馆，使人作呕的饭菜，以及让人恼火的饭店老板和伙计，两个人的心情坏到了极点，而这时天又下起雨来。为了躲避淋雨，他们买了一把新伞，就在这小小的伞下，两人找到了一个新世界。小说写道："……他和茵并肩走着，感受到肉体跟肉体碰触时那一瞬间令人震颤的特有的美妙。袁方想，小小的雨伞，薄薄的一层布，却能影响一个人的心态和感受。它似乎有种神奇的魔力，把伞下的人与周围现实隔离开来，创造出一片属于他们自己的小小天地。是啊，人来到世上不就是在寻找各自头上的伞吗？"这段文字生动地描写了由一把伞和伞下的两个人所共同形成的领域，及其对人的情绪和心态的重要意义。确实，在拥挤的城市中如果人类的这种领域性需要不能得到满足的话，很难想象社会会变成什么景象。

二、领域性的影响因素

领域性行为是人类行为中一种很明显的模式，但在各种情况下领域性行为有着极其复杂的表现形式。在现代已经有很多研究探讨了个人、社会和文化的各方面差异对领域性行为的影响。

（一）个人因素

领域性因年龄、性别和个性的不同而有变化。譬如，男人的领域性似乎强于女人的领域性。在一个经典的现场研究中，Smith考察了海滩上游客的行为。太阳浴者通常用收音机、毛巾和雨伞来做领域标记。他发现女性声称她们的领域小于男性，男女混合组和人数多的组的人均空间，要比同性别组和人数少的组小一些。Mercer和Benjamin对大学公寓的调查也得出与之相似的结论。他们请大学生画一张他们与人合住公寓房间的示意图，并指出哪一部分是他自己的，哪一部分是另一位室友的，哪一部分又是共享的。最后的结果是，与女人相比，男人所画的属于自己的领域更大一些。

很多成年男性比女性在工作上的地位高，成就大，因而通常他们的办公空间也大，所以他们声称的空间也大。但Mercer等人的研究工作说明，在男人和女人的社会地位还没有显著差异时候的学生时代，两者的领域性就已经不同了。那么女人是否在家里占据更大的空间以弥补她们工作时的失落呢？Sebba和Churchman（1983）调查了185个高层住宅居民后为此提供了一些参考性答案。首先，男女双方都认为厨房属于女人，另一方面，超过30％的男人认为房子的所有部分都属于自己，父亲（48％）比母亲（27％）更多地提出他们在家里无空间。总体上，女人们一致认为家在整体上是一个共享的领域，而其专属领域只有厨房。在个性差异方面，Mercer和Benjamin亦发现男女中的优秀分子都为自己标上了更大的领域，曾有住大房子经验的男女学生为自己所画的空间要比别人大一些。细心的男大学生所画的空间也大一些。自信但控制他人欲望不强的男人所画的空间也会大一些。从这个研究中可以看出，性别和个性的差异都会对领域性行为有所影响。

（二）社会环境和文化

领域的合法拥有者对领域更关心。譬如房东和租房者都控制住房，但合法拥有权使前者的领域性行为比后者多。邻里的社会气氛也会影响领域性行为。Taylor、Gottfredson和 Brower（1984）发现和睦愉快的社会气氛往往和积极的领域感联系在一起。在相处和睦、关系融洽的邻里之中，居民们能更好地把无端闯入者从邻居中辨认出来。他们对邻里空间有较强的责任感，所以碰到的领域性问题也较少。

领域的产生和发展也受到了社会环境的影响。Minami和Tanaka（1995）在对日本的小学和初级中学所做的调查工作中发现，在孩子们眼里，学校各个空间在不同层次上有不同的归属，而且此类归属与老师们的看法不同。譬如七年级学生在学年的第一个月（四月）里，把其专用教室看成是私密空间，而楼梯和走廊是公共空间。在五月份他们已开始把走廊中与其专用教室相毗邻的一小部分看成是半私密空间。到了六月，走廊空间已被各个班级瓜分成各自的半私密空间，只有阅览室才是公共空间。这个研究告诉我们，当学生们已习惯学校环境，并被学校文化所社会化以后，领域行为会得到发展并逐渐完善起来。此外，该研究还发现班与班之间的交往往往发生在半私密空间的边缘。

文化背景不同，领域性行为也不尽相同。Ruback和Snow（1993）观察了喷水池边的饮水者在有人不断靠近时的反应，这是一个领域防卫问题。根据一般推测，如果这个饮水者在饮水过程中受到打扰或侵犯时，他会在喷水池边待得更久，以此来声称该领域属于他。结果发现，有旁人侵入时，黑人和白人总体反应无多大区别。譬如与没有人侵入相比，有人侵入时无论是黑人饮水者还是白人饮水者在喷水池边所待的时间明显加长。但两者还是存在一些微小差异的：当有人侵入时，黑人饮水者在喷水池边所待时间会更长，而且存在跨种族效应；

与黑人相比，白人饮水者在受到黑人侵入时在喷水池边所待时间也会更长。倒过来这一情况对黑人也一样。另一方面，研究也发现，黑人并不愿意靠近白人饮水者，就像白人也不愿意凑近黑人饮水者一样。

　　这个研究与先前的研究工作所得之结论是相似的。在有跨文化、跨种族的领域侵入时，人们普遍表现出强烈的反应。这种侵入所产生的心理唤醒和活动要比同种族同文化所引起的大。有两个研究可以对美国人、法国人和德国人在海滩上的领域性行为做出明显比较。一是Smith所做的，他调查了海滩上的法国人与德国人。二是Edney（1974）的所做的，他发现这三种文化在某些地方很相似。譬如在所有三种文化里，人数多的组声称的人均空间较小，男女混合组声称的人均空间较小，以及女性的人均空间较小。但三种文化也有不同：法国人似乎领域性较差，他们似乎对理解领域性概念有困难，他们常说"海滩是每一个人的"；德国人对领域所做的标志最多，他们经常用沙围成圈，以此来声明这部分海滩是属于"他们"的区域。这三种人的领域形状相似但大小不同，以德国人的领域为最大。个人领域是椭圆的，群体领域是圆形的。Worchel和Lollis（1982）也观察了美国人和希腊人的不同的领域观。实验人员故意在三个地方各遗留了一个垃圾袋：前院、住房前的步行道，以及住房前大路的围栏旁。他们发现在前院的垃圾袋被清理的速度上，美国人和希腊人一样快。而美国人对住房前步行道和住房前大路的垃圾袋的清理速度要比希腊人快得多。这是因为美国人的领域性比希腊人强吗？Worchel和Lollis不这么认为。他们说此种差别缘于美国人和希腊人对住房周围空间的认知不同。美国人认为住房前的步行道和围栏是半公共、半私密的区域，因而他们很快就清理了垃圾袋。而希腊人常常把这两个地方看成是公共区域，所以对这两个地方的清理并不重视。

三、领域性与室内装饰设计

　　领域性的重要功能就是维持社会的安定。一个空间如果不能明示或暗示空间的所有权、占有权和控制权，人们之间的相互交往就会一片混乱。领域的建立可使人们增进对环境的控制感，并能对别人的行为有所控制。领域性理论对环境设计的重要意义存在于确立一种减少冲突、增进控制的设计，提高秩序感和安全性的设计。

（一）增进领域感

领域感，即个人或群体控制某个场所或物体的能力与感觉。人们能随自己对使用此空间的喜好，或在实质上加以改变以反映他们的特性。领域的拥有者对领域的认同，并在某种程度上表达出来，就构成了领域感。具体地说，这种表达在实质环境方面就是建立了领域标志品。这包括保持户外环境的整洁、美化院落、种植花草和树木、做围栏和篱笆等。建立个人化的标志品，如在外墙上挂一块标有自己姓名的牌子等。这些领域标志品可以向外人传递一些不言自明的信息，而且此类标志品也可以把别人和自己的住家隔离开来。如果有人想跨越领域的界限而无端闯入，居民可以大声呼止，或呼唤邻居甚至打电话报警。Brown和Altman（1983）在对同一社区中被小偷光顾过的住户和没有被小偷光顾过的住户做了比较后发现，他们说那些建立个人标志物的住户（外墙上挂一块标有姓名的牌子）以及建立领域标志品的住户（如做树篱和低矮障碍物），较少受到小偷的光顾。这些记号似乎能在一定程度上阻止小偷。如预料的那样，那些表现出强烈领域感的住户——不论是有意的还是无意的，也很少被偷。Perkins（1986）也发现，在那些对犯罪恐惧感较低的街区里，住户们大都在门口贴上了一些个人化的标志物。

为什么领域感有助于附近居民的安全感呢？领域标志品除了能帮助人们进行更为明确的空间限定、提供居民控制空间的能力和方法以外，领域感还和社区的认同感紧密相连。领域感较强烈的社区，居民间的社会交往也较积极，社会合作也较多，所以财产受侵害的可能性也随之减小。领域感有两个层面：在实质设计元素层面上，它意味着建立领域标志品，并以此划分和界定空间；在社会层面上，它意味着居民对场所的责任感和对社区的非正式社会控制。

（二）可防卫空间

领域感为环境设计提出了新的要求，即如何通过环境设计促进领域感。促进领域感的环境设计方面最重要的理论是由Newman建立和完善的，他对低造价住宅的犯罪率进行了细致的分析，他的结论是公共和半公共空间的设计与犯罪率有关。在这之前，Jacobs（1961）首先提出了某些城市设计手法有助于减少居住区的犯罪。譬如，住房应该朝向有利于居民自然观察的区域，公共空间和私有空间应该明确区分开来，公共空间应该安排在交通集中的地方等等。Newman（1972）发展了这些想法，并给他的理论贴上了"可防卫空间"的标签。Newman建议，可防卫空间的设计特征有助于居民对领域进行控制，这将导致犯罪案件的减少和居民恐惧感的降低。"……真正的和象征性的屏障，将加强限定的影响范围和改善监视的机会——组合起来，使环境可由其居民加以控制。可防卫空间是一种既能提升居民生活，又能保障家庭、邻居和朋友们安全的现代住宅环境。"Newman认为，有了可防卫空间就能达成两项目的进而阻止犯罪。首先，可防卫空间能鼓励居民之间的社会交往，有望促进感情而加强邻里之间的团结；其次，改善视觉接触，增加对居住区的监视，这可以由居民们不拘形式地或是由警察正式执行。建立真正或象征性的屏障，可以帮助居民控制环境。真正的屏障包括篱笆、大门、高墙等，象征性屏障包括花园、树丛、灌木和台阶等，通过这些屏障可以使得住房不被他人轻易进入。而且此类障碍物可以把一个似乎属于所有人而实际上没有多少居民真正关心的公共空间，划分成一个个可以管理的小区域，于是居民们的参与意识和主权感也得以焕发出来。

可防卫空间在下列两个方面是非常重要的。首先，需要明确哪些是公共领域，哪些是次级领域，哪些是首属领域，这就要求要有更为明显的领域界限。明确的领域界限有助于每个人把私有住宅外的半私密、半公共区域视为住宅和居住环境的组成部分，有助于在住宅边形成亲密和熟悉的空间，可以使居民能更好地相互了解，加强对外人的警觉性和对公共空间的集体责任感，这有助于防止破坏和犯罪。而领域标志物，无论其是实质性的还是象征性的，都是领域限定的要素。其次，可防卫空间理论突出了居民自我防卫的重要性。居民的自我防卫，首先是凭借提高对空间的监视机会，从而对犯罪分子具有心理威慑作用。Newman以建筑内楼梯和电梯为例指出，这两个地方都是犯罪案件的多发地点。在大多数集合住宅里，楼梯间与通道隔开，因此邻近的住户不仅不能主张将此划入他们的范围，而且也没有机会对这些空间作非正式的监视。正是由于这个原因，才使得楼梯间成为犯罪的多发地。Yancy在他的研究中曾叙述了高层住宅居民对使用楼梯时的恐惧，然而更明显的是在关闭起来的电梯里，犯罪人在电梯里的所作所为更有不为人所知的恐惧。Newman认为领域过渡和所有权最不明确的地方存在于下述这样的住房设计中：许多住家共用一个出入口，而任何人都可以通过此出入口进入某一单元；很容易进入的半公共区域，因为住户对有些地方监视不到。此外他还认为，那些有栅栏、庭院以及其他区分公共和群体区域手段的公寓楼犯罪率较低。共用一个出入口的家庭数量少，窗户和过道的位置使人能够进行监视的地方，犯罪率也相对低些。当时很多人对Newman的资料的准确性持有不同的意见，但自从他的理论问世以来，很多研究却检验了可防卫空间的准确性。绝大多数都能够支持可防卫空间的一个或两个基本原则。譬如在一次调查中，有一个公园晚上所发生的反社会活动比其他公园少得多，研究人员就去寻找其中的原因。他们发现在公园边上有一住户每天到了晚上都会点亮一盏灯来为夜晚的游客照明。这明显支持了Newman的可监视机会的想法。

　　我们的看法是，可防卫空间作为一种设计要素可以提高人们的安全感。但此结果的产生首先必须保证该行为能影响人们的心理。一个较全面的观点应该是这些设计特征既影响了居民，又影响了破坏者，这种影响才是使犯罪活动下降的真正原因，否则，就落入了建筑决定论的窠臼。可防卫空间的设计特征对居民的影响可以有两个方面，一是居民们的领域感增强了，二是他们的行为改变了，居民们的领域性行为增加，并加强了对领域的监视。在一个巴尔的摩的研究工作中，研究人员给居民看一组设计特征不同的房子的图片。这些特征包括围栏、栅栏、植物等，在有的图片上院子里还有人。当图片上有栅栏和植物时，居民们相信外人擅自闯入的可能性较低，被偷的可能性也较低，此类房子是安全的。但当图片上院子里有一个人时，居民的判断出现了差异。那些来自犯罪率较高地方的居民把这看成是潜在麻烦的标志，但来自犯罪率较低地方的居民却把这个人看成是降低犯罪可能性的因素。实验用的是一些线条图，这意味着来自高犯罪率地区的居民趋向于把这个人看成是外来者，这个人可能会在此地进行犯罪活动。来自低犯罪率地区的居民则把这个人看成是邻居，认为到房子外面放松一下或做一些园艺工作罢了。所以这是一个很有趣的问题，这个人究竟是该被看成是邻居呢？还是过路人呢？显然，可防卫空间的特征并不能让每个人都感觉到安全。

　　可防卫空间是一种设计要素，它对安全感这样复杂的问题有着重要的意义，但它不是社区犯罪的唯一的解决方法。包括Newman在内的专业人士都承认在居住的安全感和犯罪问题上，社区的社会环境要比设计特征更为重要。

（三）邻里的道路系统

社区中四通八达的街道、畅通无阻的车流是居民活动的重大威胁。现在，居民感到社区里的车子实在太多了，为了限制车流，许多社区非常有必要在其出入口设置路障。限制车流最明确的理由是使儿童和老人的活动更安全，并减少交通噪声，此外还有一个重要原因就是可以增强居民的领域性行为。Newman为此提供了观察资料，他说在美国圣•路易市的一些大街上设置有可防卫空间特征，包括入口上方有门楼等，并严格限制了车流，降低了车流量。居住在这条大街附近的居民经常在屋子外面散步或在院子里工作，从事户外活动。虽然这些行为并非全是领域性行为，也不能都被看成是对邻里的防卫，但其效果却非常明显，它降低了不法分子反社会活动的可能性。并且由于居民们自然形成对邻里的监视，也导致无端闯入者大为减少。但这只是一个自然观察研究，不能作为一种严格的理论依据。然而此例显示出如果能限制车流的话，社区里所遇到的麻烦事就会少得多。

第六节　建筑尺度

在进行方案设计时，对于建筑的整体、个体、外部、内部空间的把握往往是靠建筑师心中的尺度作为标准的。比如，为什么卧室的开间一般是3.9 m而不是2.9 m呢？一般住宅的层高为3 m，而不是4 m呢？从外观上看，为什么有的建筑设计得高昂挺拔，有的却精巧含蓄呢？这些都与建筑的尺度有关。

一、建筑尺度的概念

尺度是人们对建筑空间和细部所产生的尺寸相对感，没有相对性便不会产生尺度的概念。尺度是建筑师在从事规划、设计时应遵守的一种基本法则和原理。《美学》一书对尺度的定义是"在建筑设计中以人的尺寸（主要指高度）为衡量建筑物或构筑物大小规模的标准，亦指建筑物或构筑物本身各构件间大小相比的合理性"。尺度只有通过尺寸、比例并借助于人的视觉、心理等诸多因素，才能创造出良好的空间效果、宜人的环境、和谐的体量和形态感。许多著名的建筑大师充分运用尺度的原理和概念，设计出了许多雄伟粗犷、庄严肃穆的建筑作品，使人们的视觉与心理都能受到极大的震撼（如金字塔、庙宇、教堂、宫殿等），同时他们也运用尺度的原理和概念营造出了许许多多让人们在视觉上和心理上觉得舒适、静谧的建筑环境。

二、建筑尺度的作用

尺度的意义有双重性，一方面的意义是实义性的，即借以确定对象的实际大小、房屋的开间和层高等等。另一方面的意义是虚义性的，即指一般的立场法则，例如"美的尺度"、"人的尺度"、"进步的尺度"等等。这种尺度在建筑手法中也是至关重要的。

尺度对人的视觉、心理影响跟距离（视距）的远近密切相关。当距离越近时，一般的感觉越亲近、安静，当距离越远时，则感觉越疏远、不安。不同类型的建筑要求不同的尺度效果，以使观察者产生各异的心理感应。例如，对于住宅建筑，过大的空间很难使其保持亲切气氛。而一些大型公共建筑或纪念性建筑，从功能和艺术上讲要追求有庄严、博大的气氛，这就要求有巨大的空间体量。不仅大的体量要符合合适尺度的要求，小的细部也是这样。如室内楼梯踏步一般采用150 mm × 300 mm，扶手高度采用900～1000 mm，因为它适合于一般人体的高度。而在幼儿园设计中，踏步采用120 mm × 280 mm，扶手高度多用700 mm，因为它适用于幼儿的自身尺度，如果不这样设计或反过来则必然在人们的心理上造成不舒服的感觉，产生不安全、不适用的心理反应。

20世纪50年代建成的人民大会堂（图5-8）是现代建筑史上的佳作，其运用建筑尺度、细部尺寸与合理的比例，在创造良好的视觉心理效果方面是相当成功的范例。人民大会

图5-8　人民大会堂

堂内部宽70 m，深50 m，高40 m（不包括舞台部分），偌大的空间如果处理不好，势必在人们心理上产生恐惧和不安全感。大会堂的设计者在设计中匠心独运，通过对尺度的运用和准确的把握达到理想的空间效果。在大会堂的室内设计中还采用了明暗对比的手法，充分利用人的视觉差，增加了层次感；会堂天棚采用三道光环，层层退晕；棚与墙的界面圆角相连，造成了满天星斗的辽远的空间效果。

中国的故宫建筑群，它们是为体现帝王的政治权力服务的，整个建筑群充分渲染了封建宗法礼制和帝王权力的至高无上的气氛。因此，我们说故宫的精神作用其实比其实际使用功能更加重要。为了体现出故宫宏伟庄严，巍峨崇高，凌驾于一切之上的气氛与气势，整个故宫的尺度都做得相当大。长长的中轴线上排列着巨大的前门、天安门、端门、午门等，直至整个建筑群的高潮部分——太和殿，乃至于内廷的居住部分以及御花园也都采用了大尺度、大体量来表现。尽管故宫在其精神实质的表达上是非常成功的，但由于建筑内部不具备居住建筑亲切的尺度感，因此，其居住功能感觉并不好。皇帝寝宫巨大的空间，超人的尺度，很难为皇帝的休息带来安静的气氛。尽管精致的室内陈设形成了一定的居住气息，但这仍然远远不够，以致清朝各个皇帝常年居住于圆明园、避暑山庄等休闲之地，除了举行大典等正式活动他们才会回到这里。历数整个清王朝，只有康熙皇帝驾崩于紫禁城内，可见故宫确实并不讨皇帝们的喜欢。

苏州园林（图5-9）也是成功利用尺度的典范，"小中见大"是

图5-9　苏州园林

苏州私家园林的共同特点。整个园林的尺度处理得非常协调。例如，收放自如的水面加大了空间的空阔感；离水面很近的小桥，桥上低矮的石栏，不太高的池岸以及蜿蜒的园路，相对缩小的尺度加大了园内的空间效果，高大的园墙，又避免了园中的尺度与园外较大尺度的对比。整个园林虽然不大，但并不感到局促，

反而有步移景异、曲折多变的奇特效果。

尺度对人们的视觉和心理都能产生非常重要的影响，从而直接影响着建筑的艺术表现。因此，恰当的处理好建筑的尺度，使之符合人们的心理需求，从而表现出建筑的艺术性和主人的个性品位，这对于每一个建筑师都是非常重要的。

三、建筑尺度的把握

如果人与建筑尺度的关系比例不协调，比如过小或过大都会使人感到不舒服。假如你的客厅是一种犹如你站在水里的、狭长的、过深的感觉，或是像一个大会场一样的高大尺度，都会使你感到不自然。因此，房间大小与高低都要适当，与人的尺度比例和感觉要和谐。

室内空间尺度与室内物体的尺度的感觉主要来自以下四个方面。

（一）视线的感觉

视线通常情况下主要是指站着和坐着的视平线高度，只有在卧室中才有一个躺着的视平线高度这一因素。我们所设计的室内空间及家具用具的高度都与视平线这一因素有着极为密切的关系。

在室内，人的活动主要有三种姿势，即站姿、坐姿和躺姿。由于主要有此三种活动姿势，也就相应地存在有三条视平线：站姿的视平线、坐姿的视平线、躺姿的视平线。而这三种姿势与视平线的关系又都有所不同：站着的视平线最具动态感，人在走动时多半是站着的，站姿的视平线具有动静两种状态；而坐姿有相对的静态性，一般说来除了坐在轮椅上代步的人，坐着的人总是相对原地静止的，其视线仅仅是处在同一水平高度转动的。当然，坐在转椅上的情况不属此列，因为没有谁欣赏室内的空间时，主要是坐在转椅上转动着来欣赏空间的。保持躺姿的人几乎是接近静止的，没有谁会打着滚来欣赏房间中的一切，大多情况下只是侧卧或仰卧着。躺姿的视平线是复杂的，当侧卧时是一种情况，仰卧时视线又是一种情况，如仰卧平视时，视平线几乎接近躺者的身体而与身体处在同一水平高度上。躺姿比起前两种姿势来说相对最为静态，因而在设计中，要充分考虑到室内的布置陈设与这三种视平线状态下的高度的关系。而由于人进门、出门或走动时都是处在站着的动态中，来访者进门时一般也是先站后坐的，这样一来，设计所考虑的依据就主要是在站着时的视平线高度情况下人的视觉感受，且在室内设计时，当设计的家具或其他室内物体的高度高于站着的视平线时，就会觉得视线有遮挡感或是拥堵感，当家具或其他物体的高度低于站着的视平线时，就会觉得房间开阔。因此，把握视平线高度与室内家具及其他物体高度的关系是室内设计不可忽视的一条重要原则。虽然站着的视平线高度与室内设计及家具的关系是最重要的，但坐着的视平线高度与室内各部分的高度也需要给予高度重视，躺着的视平线也需要被综合考虑。

（二）人的高度

完全意义上的住宅必须是能够为人服务的，也就是说，只有能够为人所使用，而实际上只有当人也在其中使用的住宅空间，才实现了其作为住宅空间存在的真正意义。因此，有了人才有了为人所用的住宅，人是使用住宅的主体。正因如此，人也就成了住宅空间一切尺度的参照物和对比对象。怎样的高度才能使人感到使用舒适，怎样的大小才是宜人的？这些都与房屋使用者的高度有关，另外房间中的一切物体，用品的尺度都应该是适合于房主人使用的。我们通常情况下的房间尺度与家具及家庭用品的尺寸都是适合于大多数普通人的，而对于身材偏高或偏低的人的室内设计都不能再以普通人的身高尺寸为标准了，而应专门考虑不同身高的特殊情况。人体高度的变化可能由于不同家庭，或是同一个家庭中不同成员的不同身高，针对这一点，在室内设计时不可设计相同高度的家具，特别是卧室家具都应给予专门考虑，比如，一个身体很高的人他用的床就要大一些，相应的写字台也应适当加高，正像为他选择合适的衣服一样，要确保其适用、舒服。

（三）经验尺度

经验的尺度既有模糊性，又有具体性和准确性。其模糊性在于人们不通过具体的丈量而可以通过感觉来评价家具的舒适与否，尺度的大小、高低是否符合自身常规的使用习惯，虽然不能准确描述出家具的尺寸，但舒适与否却可通过目测和感觉而得出十分准确的评价结果。这种只感到空间和家具的舒适而不知其准确尺寸的现象就反映了经验尺度的模糊性。虽不知准确的尺寸，却可以准确而肯定地说出舒适与否同时也反映了经验的具体性和准确性。

　　经验对尺度产生了一种限制或是控制。比如家具的易搬动性就在人的意识中起着一种对家具尺度的限制和控制作用。对于那些可以搬动的家具，我们总是把它的尺度设计控制在一个便于搬动的数学意义上的尺度上，而且人总是可以通过感觉和经验确定这一点。即经验帮你根据家具的易搬动性，来控制家具的尺度。另外，在家具的坚固程度方面也可以使你产生经验的控制尺度。如衣柜的大门，经验会清楚地告诉你它的一个控制尺寸，而绝对不会让你设计出的柜门的宽度有如房间门或户门一般宽大、笨重。经验的视觉与使用的感觉也同样对室内及家具的尺度有无形的限制性，比如没有谁会把餐椅设计得与餐桌同高。所有这些因素都共同组成了人的经验的尺度，所组成的这种经验的尺度对室内空间及家具尺度的限制和控制，无形中就保持了室内设计在理性的、合乎使用要求的状态中进行。

（四）室内空间和物体的实际尺度

　　不论我们对室内空间和物体的感觉与实际尺度是否相吻合、或大、或小，室内空间和物体的实际尺度都是非常重要的空间因素，也是最基础的因素，以上三方面都附着在这一基本因素之上。

　　设计者决定着室内空间与物体的尺度，并将这些尺度物化在住宅室内空间中，提供给使用者使用。实际的尺度是理性的，它与感觉的尺度有所不同，感觉的尺度会因色彩及形状的不同而与实际尺度有一定出入，而实验的尺度却不会随着你对它感觉的不同而发生丝毫的实际变化。即实际尺度具有自身尺寸不变的特性，它不像它给人的感觉那样具有一定的可变性。但实际尺度同时又是感觉尺度的基础和参照物，我们所说的对于住宅室内空间和家具的感觉，不可能脱离具体的具有实在尺寸的家具而独立产生，因而住宅室内空间和家具的实际尺度，是我们在完成设计与施工，并进入使用之后对住宅室内设计进行评价的最为重要的基础。

第三编　室内装饰设计的
实践研究

第六章　住宅的人性化设计

第一节　"健心"卧室设计

一、睡眠

睡眠历来就是人们感兴趣的研究课题，因为人的生命约有1/3是在睡眠中度过的，并且睡眠可以帮助我们恢复精神和解除疲劳。在20世纪初，研究人员借助脑电图进行分析，发现睡眠时脑电活动呈现特殊慢波以后，在1952年又有人发现睡眠过程中经常发生短时间的、快速的眼球运动，并伴有快速低幅的脑电波，这一重要发现促使了睡眠研究的蓬勃发展。研究已经表明，睡眠是大脑的主动活动过程，而不是被动的觉醒状态的取消；脑内许多神经结构和递质参与睡眠的发生和发展。

睡眠是高等脊椎动物周期性出现的一种自发的和可逆的静息状态，表现为机体对外界刺激的反应性降低和意识的暂时中断。正常人脑的活动，和所有高等脊椎动物的脑一样，始终处在觉醒和睡眠两者交替出现的状态之中。这种交替是生物节律现象之一。

觉醒时，机体对内、外环境刺激的敏感性增高，并能做出有目的和有效的反应。睡眠时则相反，机体对刺激的敏感性降低，肌张力下降，反射阈值增高，虽然还保持着自主神经系统的功能调节，可是一切复杂的高级神经活动，如学习、记忆、逻辑思维等活动均不能进行，而仅保留少量具有特殊意义的活动。

有人研究发现，在睡眠过程中周期性地出现梦，并伴有独特的生理表征，有人认为梦是独立于觉醒和睡眠之外的第三种状态。其实这3种状态有着内在的密切联系，如长时间觉醒会导致"补偿性"睡眠和梦的增加。

二、卧室的设计

（一）卧室的格局

对于注重居家生活品质的现代人而言，卧室的布局特别应注意其安定性与舒适性，所以卧室应仔细考虑其坐落的位置、通风、采光和床位的摆放等因素。卧室对成人关系有着意味深长的影响，因为性生活与肌肤之亲就是在这里进行的。如果身处大家庭里，卧室也往往是唯一的独享之所，因此要充分考虑卧室的私密性，最好不要让卧室作其他用途。

在一般情况下，最有利于成人的卧室位置是在住宅的西南方与西北方，这两个方位能够提升人的成熟度与责任感，在工作与生活中更易得到他人的尊重。而位于住宅北方卧室性质比较平静，这对失眠者特别有用；位于住宅西部的卧室特别有利于夫妇分享，能够提高性生活的质量；而住宅的东或东南部对刚步入社会的年轻人有益。

在复式或别墅的上下层结构中，应该注意卧室不可设在厕所的下方和车库的上方，并且不可把改建后的阳台当卧室。卧室的形状最好方正，不宜狭长，这样才有利于通风。卧室门不可直对厨房门，防止其湿热之气与卧室相对流；卧室门不可正对厕所，因为厕所的秽气与水汽极易扩散至卧室中，而卧室中多为吸湿的棉布制品，将令环境更为潮湿；卧室门也不宜两两相对，易于导致家中口角。卧室里的入墙柜或横跨整幅的大柜应能够储存所有的衣物，有助室内的整齐有序，符合归藏于密的原理。

卧室内最好不要设有卫生间，因为里面的潮湿及污秽之气易进入睡房，并且进出卫生间会影响人在床上的休息，在长久的家居生活中会感觉不便。否则，必须保持关上通往卫生间之门，并且装上门帘作为进口的屏障。

（二）卧室的色彩

卧室的墙面尽可能不用玻璃、金属与大理石等材料，而多使用乳胶漆，既减少反射，又有利于墙体呼吸，并且颜色应柔和，能够令人感觉平静，有助于休息睡眠（图6-1）。

图6-1　卧室墙面颜色

　　根据五行的原理，卧室方位与选取颜色，有以下的对应。东与东南：绿、蓝色；南：淡紫色、黄色、黑色；西：粉红、白与米色、灰色；北：灰白、米色、粉红与红色；西北：灰白、粉红、黄、棕、黑色；东北：淡黄、铁锈色；西南：黄、棕色。

　　家具的色彩在整个房间色调中所占的地位很重要，对卧室内的装饰效果起着决定性作用，因此不容忽视。家具色彩一般既要符合个人爱好，更要注意与房间的大小、室内光线的明暗相结合，并且要与墙、地面的色彩相协调，但又不能太相近，不然缺少相互衬托，也不能产生良好的视觉效果。对于较小的、光线差的房间，不宜选择太冷的色调；大房间、朝阳的，可以有比较多的选择。另外，应考虑到不同面积不同功能的房间色彩可有不同，因而所产生的效果不同。如浅色家具（包括浅灰、浅米黄、浅褐色等）可使房间产生宁静、典雅、清幽的气氛，且能扩大空间感，使房间明亮爽洁（图6-2）；而中

图6-2　浅色家具

图6-3　中等深色家具

等深色家具（包括中黄色、橙色等）色彩较鲜艳，可使房间气氛显得活泼明快（图6-3）。

　　卧室的装饰要避免悬挂能反射光的东西，室内悬挂的装饰品如是挂毯、没装玻璃或装上不反光玻璃的画都较佳，卧室不宜摆刀剑凶器、神像、神位等。

　　卧室光线不宜太强，因为床是静息之所，强光会使人心境不宁，所以室内最好用柔和的白炽灯来照明，而尽量少用日光灯。

（三）床的摆放与睡向

我国传统的建筑讲究坐北朝南，房间终年向阳。这样的建筑布局决定了床铺是南北向的，人们的睡眠方向也自然成为南北方向了。如此建筑的建筑朝向和床铺朝向，其中实际上包含有不少科学道理。

地球是一个大磁场，磁力线贯穿南北。人体内的水分子就如一个个小小的指南针，在地球磁力线的作用下不停地摆动。当水分子的两极朝向与地球磁力线方向相同时，水分子就停止摆动趋向稳定；水分子两极朝向与地球磁力线不同时，水分子就要旋转到使其朝向与地球南北磁力线方向相同为止。如果人睡眠的方向是南北方向，那么水分子朝向、人体睡眠的方向和地球南北磁力线方向三者一致，这时人最容易入睡，睡眠质量也最高。

人体的血液循环系统中，以主动脉和大动脉最为重要，其走向与人体的头脚方向一致。人体处于南北朝向时，由于主动脉和大静脉也在南北方向上，加上水分子也在南北方向上排列整齐，因此以水分为主要成分的血液流动最为顺利畅快，它的这种惯性有利于通过毛细血管，减少血栓的发生，对血管有自我清洗作用。那么，如果违背了南北睡向会不会损害人的健康呢？这同样要从地球磁场的作用来分析。如上所述，地球是一个无比巨大的磁场，其磁力线由北极出来，经地球表面而进入南极。人体的生物电流通道与地球磁场的磁力线方向相互垂直，地球磁场的磁力就成为人体生物电流的一种阻力，要恢复正常运行达到平衡状态，必须消耗大量的热量，提高代谢能力。长此以往，当机体从外界得不到足够的能力补充，能量消耗太大，地球磁场阻力得不到排除时，气血运行就会失常，产生病态；同时，为了达到新的平衡状态，消耗的热量以热的形式围绕在床周围，使得睡觉时人体温度升高，心里烦躁，难以入睡。

根据这个道理，在睡觉时应该把睡眠方向改为南北方向，而且是头北脚南，取这种"睡向"，人体内的电流方向即气血运行方向达到与地球的磁场磁力线平衡。在磁场力的作用下，气血运行畅通，代谢降低，能量消耗减少，一觉醒来，就会感到身体轻松，精力充沛。

同时，应当注意床头不宜东西朝向。这是因为地球的地磁场的方向是南北向，磁场具有吸引铁、钴、镍等金属的性质，人体内都含有这3种元素，尤其是血液中含有大量的铁，因此东西朝向睡眠会改变血液在体内的分布，尤其是大脑的血液分布，从而引起失眠或多梦，影响睡眠质量。首先，床头不应放在窗下，否则，人在睡眠时会产生不踏实的感觉，如果遇到刮大风，或是雷雨天气，这种感觉就更强烈。另外，窗子处如果空气对流太过强烈，人们在窗下睡觉，稍有不慎就会受风感冒。床头也不宜正对着卧室的门，否则，客厅里的人一眼就能看见卧室里的床，会使卧室缺乏宁静感，影响休息。再者，躺在床上，一抬头就能看见客厅里的活动，也不容易静下心来睡觉。

床头柜最好不要摆放太多物品，以使视觉舒适。大衣橱是卧室里最高大的家具，其背面和侧面应有两面靠墙；如果要放成一面靠墙，其两侧不要孤立无物或者只是放些低矮的家具，在高度上应有过渡，以免显得过分突兀高大，给人以压迫感。如果居住面积足够大，可以设置专门的穿衣间，把卧室里的大型衣柜"请"出去，代之以小型五斗柜。附属于主卧的卫生间可以使女主人的化妆在那里完成，卧室里也可以不设梳妆台。

（四）选择适合个人的睡眠用具

当一个人睡觉时，或多或少都会有移动身体的情况，因此成人床的最理想宽度应是肩的2～3倍，而长度在190～210 cm，这个范围已可以令你睡得极为舒服了。床垫应充分考虑其软硬度、弹性及透气等性质，最重要的是能够保护腰椎、平均地承托整个人的体重。床铺硬度宜适中，过硬会使人时常翻身，难以安睡，睡后周身酸痛，太软则不利于脊椎的正常发育。不妨挑选一些自己喜欢的床单、被褥及睡衣，最理想的是色泽柔和、舒服体贴、透气佳且不易磨损的材料。享受快乐睡眠，选择适合自己的枕头必不可少。枕头往往有高低、软硬、弹性大小等的基本区分，根据填充材料不同将枕头分为了软枕、硬枕和中性枕三大类，其中天然的中性枕头是我们的首选，也就是不软不硬的枕头。

（五）安排理想的睡眠环境

卧室并非越大越好。随着人们生活水平的提高，家庭居住面积越来越大，以宽敞为舒适标准的观念也越来越有市场，20 m²以上的卧室早已不新鲜，甚至有些家庭还刻意把两间屋子打通用做卧室，其实这是一种认识误区。卧室不宜太大，面积一般在15～20 m²左右就足够了。太大的卧室从心理学来说，会使人产生不安的感觉而影响睡眠。专家认为，现在的房屋层高大多比较低，所以尤其不宜装吊顶。躺在床上，天花板离人太近，会产生压抑感，影响睡眠。

最适当的睡眠环境，至少应具备安静、遮光、舒适等这些基本条件。对噪声的敏感度因人而异，任何声响超过60 dB，都会刺激你的神经系统，信息还可以传递全身，让你无法安稳入睡。关灯睡觉当然不仅仅与节约用电有关，更是因为黑暗的环境能让眼睛快点进入休息的状态，如果你太害怕黑暗，则不妨开一盏小壁灯，尽量调控较微弱的光线，这样便放心入眠。

卧室的温度、湿度及空气流通度都是不容忽视的。太热或太冷的室温都会影响睡眠，温度应在21～24 ℃，依个人的体质而调整。最理想的湿度应是在60 %～70 %，如果未能合乎标准，可以用冷暖气机或自动除湿机来自动调整室内温度及湿度。睡觉的时候，氧气也是很重要的，因此必须保持空气流通，切勿因为怕冷而关闭所有门窗。

卧室里植物别太多。绿色植物能够净化空气，增加含氧量，而且能舒缓紧张情绪，于是许多人把它们大量地搬进了卧室，以为这样能营造一个清新、安宁的睡眠环境。然而，绿色植物只有在白天光线充足时才进行光合作用，吸收二氧化碳、放出氧气。当夜晚光照不足时，植物就吸入氧气、放出二氧化碳。卧室里绿色植物越多，呼出的二氧化碳就越多，加上睡觉时通常关闭门窗，使室内空气不流通，从而积聚大量二氧化碳排不出去，就会使人长时间处于缺氧的环境，造成持续性疲劳，难以进入深度睡眠，大脑皮层兴奋，抑制功能不能正常转换，长此以往会降低工作效率。据了解，有52种植物具有致癌作用，其中人们生活中常见的铁海棠、凤仙花、鸢尾、银边翠、红背桂、洒金榕和麒麟冠等美丽的花卉和观赏植物，更不能在卧室里摆放。

注意电磁场的影响力，室内的电磁场与个人健康有着莫大的关系，睡眠前应该尽量将室内的手机或产生电磁场的电器关闭。强大的电磁场会影响我们的生理运作，例如会抑制褪黑激素的分泌，褪黑激素对睡眠有直接促睡作用。研究发现，睡在比一般城市日常生活高五倍的50 Hz电磁场环境时，睡眠效率会改变，熟睡期的时间会较短。

至于地球磁场影响睡眠品质的说法，则众说纷纭，据说拿破仑相信睡觉时必须头朝北、脚朝南，以配合大地磁场，尽管他每天只睡3小时，也能消除一天的疲劳。

（六）卧室功能要单一

要想睡好觉，首先要给自己营造一个纯粹的睡眠环境，把与睡觉无关的东西统统扔到卧室外面，特别是手机、笔记本电脑、文件等。也不要与爱人在卧室里谈论公事或其他容易导致情绪起伏的事情，否则容易引起大脑兴奋，无法入睡。

另外，现在很多家庭都在卧室里放电视机，临睡前看电视成了很多人的习惯。事实上，看电视和工作一样，都容易使精神兴奋，难以入眠。相对而言还是看书较能够稳定心绪。专家认为，电视还是放在客厅里好。否则，进了卧室，就很难快速地让自己进入到一个准备睡眠的状态中。

很多人，尤其是忙碌的上班族喜欢在卧室里工作，上床后还要把笔记本电脑放在腿上，写东西、看材料，或者把文件散落得一床都是。岂不知，这种做法会严重影响睡眠质量。一项研究表明，临睡前使用计算机，其屏幕的光亮会抑制褪黑素的分泌，因而导致久久不能入睡。同时，心理学家也证实，工作中人的情绪容易变得焦虑。晚间情绪焦虑水平越高，人就越容易失眠。

总之，装修不仅仅要考虑视觉效果，其实方便生活、安全健康才是居室装修设计的重要原则。所以在居室装修设计中，请务必参照以下原则：

大门对面应整洁。在大门入口处最好不要对其他居室内一目了然，最好设置屏风等悦目景观，可首先给客人和主人一个好心情。

通道不要有障碍。从安全的角度考虑，进入各个房间的通道不要放置物品，以免给行动和视觉造成阻隔。

卫生间门不要邻床。主卧卫生间几乎与卧室同居一室，卫生间的污染空气容易存留在卧室中。如果门口对着床，会直接影响睡眠和健康。

床头或沙发背面不要放在窗下。如遇天气变化，在窗边容易产生不安全感；长时间吹风还容易损伤身体。

床头不应放在卧室门的通风口。放在其他地方可增强卧室的私密性，同时避免直吹的风引起面部神经麻痹。

床上方不能放置吊灯。由于吊灯的造型和重量都容易给人带来不安全感，因此，床的正上方最好安装轻型灯具。

床下不要堆放杂物。因为床下清理不便且通风不畅，杂物容易在此滋生细菌，卧室卫生死角会直接影响健康。

摆床应该南北向。由于地球磁场具有吸引铁、钴、镍的特性，人体同样含有这三元素。所以东西向睡眠时，容易影响血液在体内的分布，干扰睡眠。

第二节　"静心"书房设计

一、书房的发展

书房作为人类文化积淀的产物，古已有之。古代的书房似乎总伴随着琴瑟和墨香，还有不谙世事的圣贤文人。读书的心境仿佛修禅，只有淡泊心志方能浸淫其中，正所谓"宁静"以求"致远"。所以在古代，书房又称作"书斋"。"斋"即"戒"，是僧人修行的基本境界。"书""斋"二字合作一体，折射出深厚的文化蕴涵。但那些"谈笑有鸿儒，往来无白丁。可以调素琴，阅金经"的高雅生活仿佛总与布衣百姓相去甚远。

时至今天，由于经济的发展和文明程度的提高，加之信息时代的到来，更多的人清楚意识到读书是高品位的精神生活方式，是促进自身发展的必然途径。在这种趋势推动下，书房步入了寻常百姓的家，书房装修也真正进入了居家装饰的预算簿中。不同的是人们更加关注的是读书环境的健康舒适度与装修的环保性，而不拘泥于传统的"室仅方丈，可容一人居"的"绝对独立"的空间形式，书房格局正走向多元化。一部分人尝试着使之与其他功能空间互动组合，以适应现代人集娱乐、休闲、学习于一体的"开敞"的读书方式。所谓"空间组合"，即在以人为本的前提下，更好地为人提供实用、便捷、舒适、有意味的空间，根据人的活动规律和视觉审美要求，将若干空间单元有机地组合起来，使之组织化、秩序化、结构化，以便将功能序列、结构序列、艺术序列统一在空间序列之中。就像拼接七巧板，不同的组合会给人带来全新的感受。比如将书房与卧室，与起居室，与阳台，甚至与玄关、卫生间相组合，其构思奇特令人叹为观止，时尚杂志频频竞载，一度成为潮流。时尚的背后折射出两个原因：一是它适宜普通家庭紧凑的房型，二是它符合一部分前卫意识的新新人类追求另类、寻找自我表达的生存方式，是现代社会文化观念变迁的产物。在诸多的组合方式中，书房与起居室的组合，可以说是现代意义上"开敞式"书房实现空间共享的典范。它不是单纯意义上的空间兼用，而是通过空间重构，满足"视知觉"的适度及功能的合理等需求，利用多功能家具的自然"围合"和灯具的"设立"使空间整体过渡自然，"隔而不断"。这样的读书空间除却了刻板，增添了温馨，除却了自闭，走向了敞开，而且动静相宜，符合现代人青睐的寓学于乐的休闲读书方式。

随着数码时代的到来，网络信息的触角已经伸展到生活的各个层面，互联网高新技术以及家庭网络系统的发展与完善，使"坐知天下事"成为可能。人们获得信息的渠道不再拘泥于书本的单一方式，"读书"的概念被日趋延展，过去的"书虫"蜕变成时下的"网虫"和借助网络在家办公的"工作狂"，读书之地的存在形态也有了时代性的改观。一部分从事专业的人群把书房定义为"工作室"，这样"现代书房"的概念就演变成了获取知识的自我空间以及依托知识获取财富的家庭工作空间。读书与工作的界限的模糊，产生了SOHO式的"家庭办公模式"，继而也产生了"公寓型商业办公模式"。这一概念是1989年美国人费思·波普科恩第一个提出来的。它把已被现代社会分开的"工作"和"生活"又重新组构了起来，将电脑、扫描仪、打印机、复印机、传真机等基本办公设备在家中有限的区域内合理构筑，最大限度实现办公自动化。它不是标榜个性的现代人追逐时尚的游戏和张扬个性的手段，而是以经济基础为前提的智力投资和经济投资的经营方式，是由职业特点所决定的。

时代决定着书房概念和形态的多元化并存，也改变着书房装饰的消费观念，人们普遍开始重视自我动手能力的培养，懂得从参与中获得生活乐趣，并丰富自我知识结构。这一参与的过程被称作DIY（Do it yourself），它是一种人与物交流的方式和提高认知的手段，使人在造物的过程中遭遇真实的生命体验，寻找自我的归属感和成就感。这样的书房就像风格各异的名片，直观地展现着主人的个性和情趣。经济的发展，家居装饰市场的成熟和完善，产品供应的完备和富有人性化，都为家居装饰DIY提供了丰富的物质基础和完善的技术手段支持。DIY正在成为一种新的生活时尚，从书房开始。

二、书房空间的审美设计理念与室内装饰原则

美国设计师普罗斯说："人们总以为设计有三维：美学、技术和经济，然而更重要的是第四维：人性。"这需要上升到"审美设计学"的角度研究探讨人类生活环境。"审美设计"即design，是审美设计学的核心，具有极为广泛的含义。它与艺术的不同在于，艺术力求摆脱实用功利的束缚，追求精神上的人格自由。Design则是讲究实用功能与审美的统一，依据人体工程学原理对人类"生存方式"的设计，以实现真正意义上的自由。

包豪斯学派把人作为设计学研究的出发点，其纲领一针见血："设计的目的是人而不是产品"。说到底，就是要使人的生存环境更加"合乎人性"，使人与物与环境的关系成为一种和谐的、审美的感性关系，把人从"囿于粗陋的感觉"解放出来，实现"全面占有"（物质与精神的满足）。这正是设计"以人为本"的精髓所在。在技术科学、心理学、生理学、卫生学的交叉点上，产生了人体工程学，它综合运用解剖学、人体测量学、生物物理学、心理学等学科的知识来切实研究和探讨人与器物、环境的"适应性关系"（生理与心理的平衡），不是削足适履而是量体裁衣。解剖学、人体测量学研究出空间尺度问题，生物物理学探讨室内空间的物理性因素，心理学研究空间中人的心理因素。人体工程学是衡量空间健康与否的标准。书房设计应该紧扣这三个主题。

（一）现代书房设计要遵循合理的空间尺度

现代书房概念的延展，客观上决定着它较之传统意义上的书房具有更大的操作性。随着家居建筑面积扩大的趋势，家庭中书房的使用面积也随之扩大化，为它的可操作性提供了更大的便利。同时，人对舒适的要求也使得书房的功能区分化为工作、储物、休闲三个共享空间。因此尺寸设计必须充分考虑它在使用功能上的拓展与协调，结合测量学基础上产生的人体尺度和动作区域所需的空间尺度，计算人在室内通行时有形无形的通道宽度，从而提高空间的利用率，确保操作

和区域间"行为流程"的最大自由度。从这一意义上诊释，现代书房的尺寸设计，最能体现设计师对空间的理解以及对使用者的细致入微的关怀。区域的划分靠的是家具的"围合"与"设立"，对家具比例的科学结构已成为书房空间设计的重要内容之一。例如工作面与坐椅的关系讲求可调性。实验测试表明，桌面过高或过低均会导致肌肉紧张，引起不适。确定桌高的合理办法是应先定椅座高再定桌高，计算公式：桌高=座高+桌椅高差（坐姿时上身高度的1/3）。当然由于人的个体尺度存在很大差异，桌高应为可变值。同样，工作面的宽度和深度也有据可循，应参照坐姿时人手可达的水平工作范围及桌面物品尺寸来定。工作椅的座面距地最低356 mm，舒适进深为460 mm，呈微度倾斜，与靠背形成95°～117° 度夹角时为宜。毋庸置疑"尺度决定效率"，这促使设计界几乎所有的家具设计师们都在全力以赴地为创造更幽雅、更有效的工作台和全方位的办公椅而孜孜不倦地工作着，以求设计出尽可能完善的人性化产品。例如采用曲型台面给予肘部以可靠的支撑，减少肌肉的劳损和疼痛。再如使工作椅的任一构件均可自如调节，以轮代步，游刃有余。因此，可以说空间内的可变尺度是现代书房设计中最具活力的所在。对家具空间的利用率是书房

空间设计的另一重点。储备区的家具应以"多容善纳"为原则，根据储物比例确定深度与间距，统筹安排。同时必须考虑人体动作范围及视线所及，以达到方便存取的目的（图6-4）。有了合理的产品，再加上家具间的协调、区域间科学的流程，会给予人最舒适的行为空间和操

图6-4 现代书房设计

作上的最大便益，这也是以人为本在书房尺度设计中的成就。

（二）现代书房设计要合理解决空间的物理性因素

室内是与人最亲近的空间环境，被比做"第二层皮肤"。随着人在书房工作时间的延长，书房的环境设计与其他组成空间一样不容忽视，人们对书房的品位也由追求文化表象到关注深层的人性因素，把环保、健康、舒适、效率作为书房设计的首要前提。物理环境即是与人的健康息息相关的重要因素之一，由色彩、照度、声学、通风、温湿度、软硬度、防尘度、材料辐射度等构成，研究者已制订出相应空间的标准定量参数表，标志着现代人走出了唯功能或唯美的误区转向人性设计。创造健康的室内微环境，是每个室内设计师的职责。

首先是消减噪声，提升环境质量。噪声会降低工作效率，并加速疲劳。可以在界面上使用吸音板、壁纸与地毯、木地板等材料结合作有效的消声处理（图6-5），或采用隔声墙的结构形式防止噪

图6-5　书房

声的传播与叠加。然后是净化室内微气候。随着人类环境意识的觉醒，生态与环保的理念渗透到家居设计中来。一方面体现在人们对装饰材料的健康问题的关注上，以及设计中对新型绿色材料的研制与推广上；另一方面也体现在对空气质量的高标准上，提倡良好的自然通风。李渔《闲情偶寄·居室篇·书房壁》说"……然粘贴太繁，不留余地，亦是俗态。"如此种种，"贵精不贵丽"，追求氛围的共融而非堆积，才能使个体更具生命与艺术的张力。

同时，随着人们对环境质量的空前关注，自然景物作为一种最直观的"绿色符号"被频频"引入"雅舍厅堂（即"室内造景"），一扫钢筋混凝土的冰冷，成就了自然给予人的慰藉，建立了"物人对话"的关系（图6-6）。自然景观的引入有直接与间接的方式。所谓"直接引入"即在室内布置植物、供石、造景。现代心理学家指出，

图6-6　室内造景

室内绿化有益于人的健康，植物进入书房，一方面可以过滤空气促进微循环达到净化的功效，另一方面绿色植物的蓬勃生机感染着人们，使人们大脑皮层受到良好的刺激，有助于抚慰情绪，消除工作后的疲劳感。室内盆景体量虽小，却大有恢弘山野的气势，手法上极讲究。以石代山、以砂代水的简约艺术，使人深居室内却能于咫尺之间领略丘壑林泉之雅趣，现代人对它的喜好表现了一种对生态与健康的高度关注。这些自然元素在极具现代感的书房迭现，与古物藏品相得益彰，仿佛时空在此凝聚，进行着历史与现代的碰撞、文明与野趣的融贯，方寸之地充盈着文化与自然的魅力。所谓"间接引入"即开窗借景，这是造园的手法。现代书房有拓窗的趋势，大面积落地的玻璃，使外物世界得以最大程度的接纳，读书其中，感觉既身在现实又超然物外，符合现代人灵变的角色化的心态；工作之余，拭目远眺，也使疲劳的神经系统在紧张的思考之后得到放松和恢复，从而最大限度地提高工作效率，启发创作灵感。

第七章 公共设施的合理化设计

第一节 医院建筑装饰的设计

病人是医院的使用者，由于疾病在身，他们或多或少存在生理和心理的障碍，因此，医院建筑设计必须以满足其生理要求、改善心理状态为核心。良好的医院环境不仅使就医方便，也应有助于改善病人的心境，产生良好的生理、心理效应，从而利于疾病痊愈。

一、设计理念

（一）方便与安全性

病人体衰神疲，甚至有听力、视力下降或行动障碍，医院设计必须充分、周到地考虑到这些，给病人营造一个就医、行动方便的环境。如每一个病人都可能接触到的交费、取药、化验、检查室应相对集中分布，最好集中布置在一、二层楼并标志明显；公共过道宽敞明亮，最好设置病人专用电梯等。一些设计必须严格符合医院建筑设计规范，如过道、楼梯、厕所应设墙扶手，楼梯踏步高度应在160 mm以内，很好的床边呼叫系统等，给病人充分的安全感。相反，地面凹凸不平或过于光滑，上下坡道太陡，使用自动扶梯等都存在安全隐患，甚至发生意外以致引发纠纷等。

（二）高度重视绿化

大部分病人希望有良好的绿化，约半数病人直接提出园林式医院（图7-1）。充分体现现代人对自然回归的渴望，也反映我国古代医院（馆）"杏林"布局的魅力。良好的医院绿化使环境幽雅，产生良好的视觉、色彩效应，还可防尘、防噪声、

图7-1 中国古典园林医院

降温及增加空气含氧量，在这种环境中病人可改善心情及机体功能。根据测定，绿化环境中，人体表温度可降低1～2.2 ℃，脉搏减缓4～8次/分，血流变缓，放松紧张的神经。良好的心理效应明显高于城市技术环境。对高血压、心、肺系统疾病及神经衰弱起到间接治疗作用。

鉴于城市医院受占地面积限制，难有大块土地绿化，我们采取适当增加高层建筑，挪出地面，采用立体绿化措施：地面种绿草，再种植灌木、高大乔木，加宽窗台设置盆景及屋顶花园等方法进行补救。如此这般，将能够取得较好效果。

（三）兼顾不同病人要求

不同的病人会有不同的要求，在医院设计时应当充分考虑这一点，以更好地配合病人的治疗，帮助其更好更快痊愈。如：肿瘤及儿科病人应该设病房电视与阅览室，这是由肿瘤病人住院时间长、心理负担重及儿童心理特征所定的。妇科及男性科门诊应放在人流较少的位置并设专用卫生间，这有益于保护病人隐私及就诊方便。

（四）医院建筑与当地经济水平协调

医院设计应当考虑到当地的经济水平，其建筑的"超前"主要是体现在功能满足及设计观念上，而不应是盲目追求豪华与规模。

二、医院建筑装饰设计

（一）从门诊病人的心理特征出发的"人性化"设计

为了满足病人的心理需求，对门诊大厅进行"人性化"的设计很有必要。门诊、候诊等公用空间应尽可能开敞明亮、整洁舒适、环境宜人，有合理的交通组织，尽可能地创造多层次的交流空间。设计应该从优化门诊大厅，改善候诊环境，合理布置门诊科室，理顺就诊流线等方面着手。首先门诊大厅内的科室分布要清晰明确有规律，导向性强。大厅内楼、电梯位置应在明显的视线范围内，另外还可布置花草盆景、水池喷泉等室内景观，给人以亲切温馨之感。此外应精心设计等候空间中的人工景观环境与自然景观环境，这样的就诊环境气氛能改善病人的情绪。

1.门诊大厅空间设计

门诊大厅是为大量病人进行诊断、治疗的工作场所。病人对医院的第一印象往往是从门诊的经历中得来的，可见门诊是医院最前沿的服务窗口和重要组成部分。门诊综合大厅的主要功能为挂号、收费、取药、化验、注射、分配人流等，公用科室及一些非医疗设施如咖啡厅、鲜花水果礼品店等也多在大厅附设。

为抑制医疗费用，尤其是住院费用的增长，医院的重心有倾向门诊的趋势。纵观医院建筑的发展，门诊综合大厅的形式有合厅与分厅两大类，实践经验证明分厅弊大于利，而合厅利大于弊。

分厅的一种形式是将综合大厅同层分解，分为挂号厅、收费厅、取药厅等小厅。因增加了流线长度和交通面积，各厅占用的总面积增加，但对每个小厅而言面积并未扩大，在业务繁忙时段，因各厅空间分开回旋余地受限，拥挤不堪，高峰过后有些厅又会冷清无人，而且厅多寻找困难。因此，这种绝对分隔的多厅式布置已渐少采用。分厅的另一种方式是在各楼层分设综合小厅，分层挂号收费取药，这主要是出于分散人流、减少层间往返考虑，但由于放射、检验、理疗、手术等医疗科室因设备问题不可能在每层分散设置，层间往返还是存在的，且挂号、取药为门诊程序的首尾，挂号后进入，取药后离去，除临时转科者外，与层间往返关系不大。而造成这种不必要往返的主要原因，在于做各种检查治疗之前都有一个划价交费过程。

因此，规模较大、层数较多的门诊楼可适当增设楼层收费点，中药房也可与中医科同层设置，以适当分散综合大厅的人流。

门诊的挂号、收费、取药、化验等功能，经常会因不同时段人流的变化而变化。人流高峰期各不相同，上午一般挂号高峰出现在早上7—8时，候诊、检查高峰为9—11时，取药高峰为11—12时，若采取合厅方式，人流上可以紧密衔接，空间上可以互补缓冲，具有融合多种功能性。随着医院门诊信息化管理水平的提高，门诊"信用卡"的开始逐渐普及，门诊流程中的挂号，可由大厅转移到各专科门诊的接诊柜台电脑划卡挂号、收费，门诊大厅则保留存款办卡、结账、取药、化验、注射等业务和分配人流的功能。因此，合厅式将是现代门诊大厅所趋向采用的基本形式。

合厅式多为几层通高的中庭式综合大厅，将挂号、收费、化验、取药等功能设在一个完整的大厅内，公用科室和各门诊专科的入口环绕大厅周边布置，既集中在统一大空间内，又分散在视线相通的不同位置和楼层，科室分布一目了然，识别性好，空间宽敞明亮，改变了传统门诊大厅压抑狭小的混乱气氛。大厅内应适当布置等候休息坐椅，坐椅最好安置在离服务窗口远一些，但又能看到窗口情况的地方，这样病人休息时能看见替他排队的陪护人员，心里比较踏实。

联厅式是一种介于合厅式与分厅式之间的形式，由几个厅串联在一起，有若干空间分别布置不同类别的公用科室，往往由门厅或交通厅空间向前方、左方、右方分别延伸出联体空间，其联结面应尽量宽些，这样视线较为通畅且空间能达到互补、缓冲的作用。若联结面过窄甚至只剩个门洞，则与分厅式无异。

医院街式是近年来新建医院门诊大厅形式发展的趋势，属于合厅式，一般采用纵向大厅，3～4层通高空间，街两侧各层布置公用科室，依就诊程序进行排列，楼层有架空连廊连接街两侧。规模不大的门诊，街、厅合一；规模大的门诊则前端面宽扩大为厅，安排垂直交通枢纽、挂号、收费、取药等功能，街的两侧安排人流不太集中的公用服务空间和专科门诊候诊厅的出入口。

2.候诊空间设计

候诊是患者门诊时花费时间最多的活动，患者对等候的忍耐程度与环境舒适度、空间趣味性密切相关，如果在一个舒适而又充满人文气息的环境中，往往不觉时光漫长；但在拥挤嘈杂、昏暗压抑、充满异味的不舒适环境中，就会感到焦躁、恼怒且时间难熬。

因此，如何为患者创造一个宽敞明亮、舒适温馨的充满人性关怀

图7-2　候诊空间设计

的候诊空间就显得非常重要（图7-2）。首先是必须具备足够的空间体量，在高度恰当的情况下一般以面积控制。据调查，候诊厅的面积，以该科日门诊人次量的15%～20%作为高峰在厅人数，再按成人$1.2～1.5\ m^2$/人，儿童$1.5～1.8\ m^2$/人计算较为合理。

其次在满足空间体量的前提下，应使候诊厅有良好的自然采光通风环境，可以观赏到庭园绿化或室内景观，候诊中可以欣赏电视节目

等。英国画家彼得·斯内亚曾在曼彻斯特一家大医院举办画展，轰动一时，病人在候诊时不再感到时间难熬，他们在候诊的艺术长廊里自由欣赏、评论、迷恋、陶醉，因而进入忘我境界。之后在英国2500多家医院中，有300多家的候诊空间挂上了各种流派的绘画作品，使候诊空间与现代艺术展示有机结合。

现代医院的候诊空间主要有厅式候诊、廊式候诊两种形式。厅式大多用于一次候诊，而廊式大多用于二次候诊。

1）厅式候诊

这种厅多为一次候诊使用，人员较为集中，候诊时间较长。因此需要有一个舒适温馨的候诊环境，为了保持诊室的安静和秩序，一次候诊厅与诊室之间应该用治疗室、处置室缓冲过渡一下，再进入二次候诊廊道。候诊厅的形式又分为单面厅、双面厅和中厅。

单面厅：多为门诊人次较少的科室作一次候诊用，这种厅只占一面外墙，厅的对面安排治疗、处置等室，若用于大科室，则单面厅拉得很长。

双面厅：多用于门诊人次较多的科室，这种厅占对应的两面外墙，采光通风好，与诊室的二次候诊区短边相邻，易于管理，诊室秩序有保证。

中厅：将中间走道扩大到6 m左右，在中线上背靠背设置坐椅，是廊式的一种变形。这种方式由于是内厅，无自然通风采光，依赖人工照明和空调设施，作为时间较短的二次候诊较好。

2）廊式候诊

多作为诊室外面的二次候诊使用，又分中廊与外廊两种形式。

中廊候诊：顺走廊内墙安排坐椅，走道宽度宜在3.5 m左右，一般用做二次候诊，或小科室的一次候诊，这种方式只宜用于科室内部走廊，不能用于公共走廊。廊道不宜过长，否则光线和通风都受影响。

外廊候诊：沿外墙设候诊廊，采光、通风、景观条件都很好，考虑到气候影响以封闭走廊为佳，坐椅靠窗布置，可观赏到窗外庭园绿化花池，是较为舒适的候诊环境。其向内接中廊作为会诊联系的医用通道。

（二）从住院病人的心理特征出发的"人性化"设计

病房是病人接受治疗、生活、康复的空间，是病人停留时间最长的医疗空间。据资料统计，外科住院病人的平均住院日为6～7天，内科为10天，如果采用传统中医疗法，平均可达31天。病人长时间住在病房里，很容易产生焦躁的心理和不安的情绪，对病人的康复极为不利。因此，如何结合病人的心理与生理特点，创造舒适宜人的病房空间，使病人早日康复，是医院建筑设计的重要内容之一。

病房的设计必须围绕如何减少病人的痛苦感和反感，唤起病人内心的快感和对生活的乐趣这一中心课题。对病房室内环境进行"人性化"的设计（图7-3），可以缩短患者从家庭到医院之间的心理距离，减少对新环境的陌生感。从住院病人的角度出发，他们有被认识、被尊重的心理需求，

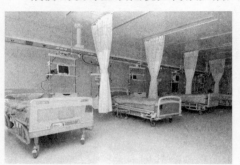

图7-3　现代病房

他们希望有一定的私密性空间，有受到尊重的感觉，还希望环境安宁、清洁、有安全感，有满足交往、娱乐与消遣需要的设施，而不是过于单一的。因此，要有可供漫步的情趣空间，病房之外应有吸引人的去处，以鼓励病人下床活动；病房与卫生间及淋浴设施联系方便，较易对灯光、电视等设备进行控制，可方便使用电话，护士可随叫随到；有存放个人物品的地方，有接待来访者的空间；病房应有较好朝向，设置卫生间与阳台，外阳台应充分引入阳光、绿化，能够获取良好的自然采光和照明；要能看到窗外景观，宜人的环境有益于病人的身心健康；病人的色彩心理是丰富而变化的，冷漠单一的色彩统治医院的局面应该被打破，病房推荐分区配色，依据不同类别的病区而定，利用色彩的潜在作用，使病人尽快地适应医院的环境。

1.病房空间环境

1）个人领域空间的限定

患者因病入院，希望能远离外界干扰，按自己的意愿支配环境，维护个人的私密空间。在多床间病房内一般的做法，即用围帘进行个人领域空间的限定。如果在多床间的设计中，变化平面布局形式，为病人提供明确的个人领域空间，就能更好地满足病人对私密性的需

求。日本昭和大学医院病房的四床间病房灵活的布局，使各病房中每个床位不仅临窗具有良好的视野，而且个人领域空间获得保证，为病人提供了极大的方便。

2）提供公共交流空间

病人是社会的人，需要与他人进行信息、思想和情感沟通。人在患病的情况下，更需要与他人交流，这样，可以减轻病痛的困扰，缓解心理压力，对康复极为有利。"医生奥斯蒙发现，虽然该医院的其他条件都好，可病人缺乏相互交往，有点愁眉苦脸……由此，他联想到病房里的设施，只有床铺和椅子，缺乏交往所属的共同的东西。由此他建议在病房里放置大桌子和报纸、杂志，使病员有交往的空间、条件和共同的话题，情况则大为改善，并加速了疾病的痊愈过程。"可见，病房空间设计考虑个人领域空间的限定的同时，注重公共交往空间的设置也十分重要。

3）其他各类功能要求的相互协调

病房空间除合理限定私密空间、公共空间外，亦应很好地满足护理、治疗等其他功能要求。病房入口处可设置护士工作台便于护理或治疗，起居空间侧面设置灵活的储藏空间，既可以用做医务人员储藏物品或辅助器具，又可用做工作空间，十分方便。

使病人尽快获得康复，是病房的重要功能作用之一。病房的空间与设施应有助于病人的活动自理，如有足够的空间便于轮椅病人活动，采用推拉门（或折叠门）以方便轮椅病人的使用。卫生间的设施亦应适合病人使用，地面要注意防滑。

病人大多希望病房具有个性。病床成角度摆放，病人可以看到整个房间，便于使用房间内的设施。因此病房设计应考虑病床等家具的灵活摆放，适应病人的不同要求。

2.良好的视线设计

住院病人多数时间都在病床上度过，一方面卧床病人感受外界的主要方式是通过观察，观察户外大自然的变化或观察公共环境其他人的活动。这已成为病人排除因患病所带来的烦躁心理和消遣时间的重要方式；另一方面病人亦希望自己需要帮助的时候能被他人观察到。

因此，保持与室外和公共部分的视线联系，进行良好的视线设计，是评价病房方便舒适的一个重要标准。通过病房平面的变化，可以为多床病房的每个病人提供观察户外景色的方便条件，也可以使病人卧床的时候观察到他人的活动。

3.舒适宜人的声、光、色环境

为住院病人创造安静的康复环境，除合理进行医院的总体布局外，还需在病房内有效地运用建筑材料与构造手段，防止噪声的干扰，如采用柔性地面，隔墙、窗门采用隔声的材料与构造手法，降低各种扰人响声。

病房的窗地比例应满足设计规范的要求，但窗户也不宜过大，过强的光线对卧床病人会产生不良影响。因此，在争取良好日照的同时，应防止室内炫光。比利时根特医院精心设计病房的光环境，为避免阳光直接照射卧床病人，其靠近病床一侧采用高窗，另一侧采用落地窗，为病人提供了宜人的光环境。

病人都是来自多色彩的生活环境，只有多色彩的病房空间环境才能有助于消除病人对单一的"白色"病房所产生的陌生、紧张等不良心理。不同的色彩给人带来不同的感情反应，色彩对病人的潜在作用，已被世界各国有关专家广泛注意，"色彩疗法"与众所周知的"音乐疗法"一样，越来越为医学界所重视。但多色彩并不意味着用色繁杂，病房宜采用明度较高、色彩纯度较低的柔和色调为主，给病人轻快、洁净的感觉。应针对不同人群，进行病房陈设的不同色彩搭配，如孕妇房间的坐椅、窗帘等以紫色调为主。有研究表明，紫色环境可使孕妇感到安慰。国外实验还显示：淡蓝色环境对高烧病人有退烧效果；褐色环境可帮助高血压患者降低血压；而植物的青绿色对人的心理起镇静作用，有洁净感，生理上起降低血压和平缓脉搏的作用。

（三）从医护工作人员的心理特征出发，进行"人性化"环境的设计

1.护士护理空间设计

护士站是病房楼中护士护理的主要工作场所。从护士的角度要求，护士站位置应接近病房，有利于监护病人；形式开敞，便于和病人或探视人员交流；其空间色彩应柔和、协调，有利于工作情绪稳

定，减少烦躁和疲劳感；设有一
定的休息、交流和适当的娱乐空
间；设有一定的私密性空间，以
保证工作人员的隐私；设计中还
应考虑到如何避免产生令人厌烦
的拥挤和嘈杂等问题。总之护士
站、监护走廊等空间均需细心处
理，营造一个良好的工作环境以
激发医护人员良好的工作心理
（图7-4）。

图7-4　护士站的"人性化"设计

　　首先，护士站的位置设在病区的中间部位或走廊转角处为好，减
少护理路程以减轻护士的工作强度。护士站还应面向病室，最好能看
见所有病人床头，或能看到各病室和单元主入口，并能观察到走廊及
病人活动室的情况。

　　其次，在交流方面现在虽有传呼对讲等先进设备，但护士与患者
之间的直观交流更为适应高效率、高情感的发展趋势。南丁格尔开放
病房正体现了她能细致入微的看到所有病人，这样使病人感到更安
全，护士也感到更踏实。

　　第三，护士站一般以开敞式柜台分隔内外，站内设桌椅、病历柜、
留言板、电话、洗手盆、呼叫信号主机等，柜台应突出走廊内墙以拓宽
视野，护士的工作包括接待病人和探视人员、编写和存放病历、接收病
人和医生的呼叫信号等，故开敞式柜台比封闭式显得更为直接、亲切。

　　第四，在采光方面，一般高层病房楼和四周布置病室的护理单元
多为岛式护士站，只能间接采光，并辅以人工照明。现代医院强调信
息化管理，医嘱抄写、病案整理、表格文件等案头工作逐渐向无纸化
的电脑操作过渡，这时自然采光并非优点，光线过强还要遮挡。在强
调护理到病人床头的现代护理方式中，护士多处于流动状态，如何缩
短护理距离才是关键，故日照和自然光等在护士站已显得次要。护士
站的人工照明应提高其环境照度，以便护士在进出有较强光照的房间
时，视觉能尽快适应。夜间因病室的各种照明设施启动，护士站的人
工照明如无高亮度灯具也不会对病室产生眩光。深夜，当病室关灯之
后，则应调低护士站的照度。

2.医生会诊空间设计

在以往护理单元平面的设计中，医生工作用房通常和护理用房布置在一起，对患者完全开放，这种情况满足了病人心理的安全需求，但同时也对医生的正常工作产生了干扰。医生对病人的了解及制订护理治疗计划，可交给护士执行，医生间的讨论、会诊、示教应有一个自主、封闭、合理的区域，从而免受干扰。

第二节　地下建筑装饰设计的合理化

20世纪80年代以来全球城市化进程的速度不断加快，引起了一系列的城市问题。主要表现在城市交通恶化、环境污染、城市范围不断扩大，造成了土地、能源、时间、空间资源等的浪费。为了解决以上存在的各种城市问题，人们采取了多种手段进行治理，如行政法律手段、经济手段、技术手段等。其中，城市立体化是人们所采用的普遍治理手段之一，其标志就是建造高层建筑和高架道路。

当城市中的建筑高度和密度受到各种因素的限制，无法向水平方向和上部空间扩展时，人们逐渐认识到城市地下空间。在扩大城市空间，改善城市景观方面的优势和潜力中，形成了城市地面空间、上部空间和地下空间协调发展的城市立体化空间的新概念，并且在实践中取得了良好的效果。在城市中有计划地建造地下建筑，充分利用地下空间，对节省城市用地，节约能源，改善城市交通，减轻城市污染，扩大城市空间容量，提高城市生活质量等许多方面，都具有明显的效果。但是城市地下空间是建造在地下，地下空间的一些环境特点对人们而言是积极的，如热稳定性，隐蔽性及良好的防护性能，隔声低能耗，环境易控制等；但不足之处也是很明显的，如缺乏阳光和自然光线，较潮湿，较封闭，空气质量差，不易看见外界景观，过强或过弱的噪声等，还有建筑造价较高，施工比较复杂等。随着科学技术的进步和经济的增强，有些缺点是可以减轻或消除的，如空气质量、湿度、噪声等，但满足人们使用空间内心感觉的所谓心理环境问题相对而言就要复杂得多。

一、地下建筑对人体心理的影响

地下空间中影响人体心理环境的影响因素主要有以下五点。

（一）意识因素

人们在意识和潜意识中对地下空间持消极态度，容易把地下空间与死亡、埋葬联系在一起；人们害怕坍塌和被陷入；人们易把地下空间和设计通风不良、潮湿、令人不快的地下室联系起来，导致一些负面情绪的产生；人们的幽闭恐惧症，容易对较为封闭的地下空间产生恐惧和不安。这些因素可能会导致人在地下空间之中感觉不适、烦闷和压抑。

（二）外界景观因素

人是生活在自然界之中，接受自然界各种因素的影响，特别是阳光，它是人类生活的基础。太阳光是一切自然光的光源，自然光线随时间和季节的推移，产生了丰富多彩的变化，光环境为人类提供了有关气候状态时间和空间的动态变化信息，地下空间的采光主要是依靠人工光源，人工光源不会像阳光那样随时间变化，这样的环境会影响到工作者的生理和心理健康。

地下空间缺乏窗户也是影响人心理因素之一。窗户可以感知天空和云彩，以观察天气，以使视觉放松，消除人置身于盒壁结构中的窒息感。

地下空间较缺乏绿色植物，植物象征生命、青春活力与希望。植物给人以视觉美，能使人感到舒适。绿色植物又往往和自然光线紧密联系，植物的缺乏，使人感到自然光线的缺乏。

（三）空气质量因素

人们在地下空间之中，普遍感觉空气质量差，使人感到压抑、烦闷。这是因为在地下空间中通风不良、空气不清新、有异味、混浊。通过现在的人工通风、空气调节是可以提高地下空间的空气质量的。有研究结论表明，地下建筑内部空间环境即使达到地上建筑同样的舒适程度，一些人也会存在一定程度的心理障碍。这实际上还包含了人的主观因素在里面。

（四）安全因素

人们在地下空间之中总是会有种不安全的感觉，一旦发生紧急情况，不知如何安全疏散。这是因为如果地下空间与外界联系不方便，方向指示标志不清楚，会给人们确定疏散线路带来困难。

（五）方位方向因素

在大型地下空间之中，人们普遍会感到辨别方向很困难，容易迷路。虽然地下商场中有很多平面位置示意图，这些示意图与平时所使用的地图一样，都是上北下南。但由于人本身就难以确定正确的东西南北方向，使用起来就有些困难。同时在人工照明的环境下，人们在地下空间之中是很难判断方向的，1998年日本的Massahiro Ghatan等人对某地下商场通过问卷调查发现，约有80％的顾客在所调查的地下商场曾有过迷路的体验。在加拿大的蒙特利尔市，有的学者调查发现在一些主要的地下商场，人们对它们避而远之，其主要原因是人们害怕在里面迷路。

一个新生事物的出现，人们接受它、适应它必然要有一个过程。可喜的是随着现代科学技术的进步和不断创新的设计手法，人们可以通过人工空调系统，改善空气质量，引进自然光线，加上各具特色的室内装修、智能的灯光、合理的方向引导等手段，在地下空间可创造出更加安全、舒适的环境。

二、地下建筑装饰设计要点

地下建筑空间环境具有不同于一般建筑空间环境的特殊性。一方面，其物理环境特性比较鲜明，这也是目前地下建筑空间设计领域，设计师及相关从业人员给予较充分重视的方面；另一方面，由于个人体验、宗教等原因，地下建筑空间心理环境的独特性也不容忽视，并且随着科技的不断进步，人们物质生活水平的不断提高，人们对心理环境的品质需求不断提升。人性化的地下建筑空间的营造，应该从地下空间环境对使用者生理及心理方面的影响入手，全面考虑人的需求，营造适宜的空间环境。

（一）生理层面

地下建筑空间环境具有特殊性，如天然光线不足、自然通风较困难、空气质量较差、湿度大等缺点，其环境条件对人的生理舒适度有较大的影响。因而在设计中，应注意运用采光、通风、除湿等技术手段以营造舒适的环境。

1.采光方式设计要点

地下建筑的采光方式主要有自然采光和人工采光两种，由于各种人工光源普遍存在光谱残缺，而自然光中具有动植物生长所需的各种光谱成分，以满足各种生理方面的需求。所以，从使用者生理健康的角度看，人工采光是不能完全代替自然采光的。地下建筑环境的人工采光设计，类似于其他建筑环境人工采光的设计，但需要特别注意，应选取适宜的照度和光色。

而地下建筑环境的自然采光方式设计具有其特殊性。地下建筑的自然采光设计，与空间功能以及建筑的体量、埋深等因素息息相关。按照与地面的距离关系，地下建筑可以分为深埋和浅埋两种。浅埋的开发深度小于30 m，深埋则为30～100 m。深埋的地下建筑由于深度过大，其一般只能采取竖井和水平通道的方式进入。浅埋的地下建筑的开口方式可以按照与地面的关系分为封闭式、中庭式、侧面敞开式、贯通式。

2.生理健康环境设计要点

由于地下建筑空间环境具有种种不利的特性，在尽可能引入自然采光和自然通风的同时，还需要结合人工手段调控温湿度及通风和采光，为相对外界环境较独立封闭的地下空间环境营造舒适的微气候条件。

（1）环境温湿度控制。地下空间温度环境方面具有较好的热稳定性，冬暖夏凉。在温度调控方面可以适度减少人工机械调控，节能舒适。但由于接近地下水，自然通风较困难等因素影响，地下空间的湿度环境较差。设计时要与自然及人工通风相结合，并结合暖通空调等专业技术措施，保证空气流通，及时排走湿气，并作好防排水构造。

（2）通风系统。地下空间由于相对外界环境较独立封闭，内部新鲜空气补给不足，空气质量较差，影响使用者健康。应结合实际情况及自然采光系统，合理布置自然通风系统。采用通风空调系统，通过加大通风量、提高换气率等措施改善地下空间的空气质量。针对地下空间空气滞留带给人气闷的感觉，可以适当地通过机械通风赋予室内一定的风速，使人能够感觉到空气的流动。

（二）心理层面

人类对事物的认识都是通过感官形成的。其中尤以视觉最为重要，其摄取的信息占五官摄取信息总量的90％以上。

地下空间的封闭性、低照度等特性，往往使人置身其中，难以定位，进而带来紧张焦虑及恐惧等不良心理感受。设计中增强空间的可识别性，赋予空间特性及确定性，强调不同空间的外部形式特征，从而使人们获得安全感和稳定感。

随着生产力的不断发展和城市化进程的加快，城市地下空间的利用，越来越引起人们的关注。设计中应针对地下建筑空间在生理和心理环境两个层面的不同特点采取相应的解决方式，为使用者提供舒适、健康的生活环境。

第三节　高校图书馆建筑的灵活性设计

一、高校图书馆的发展

图书馆是人类文明的宝库，也是一个时代科学文化水平的标志。高校图书馆反映的是一所大学的办学水平和学术水平，应体现一所学府所具有的文化品位和人文景观。图书馆是一所大学的心脏，是促进师生在平等的气氛中谋求自我进步与发展的服务性机构。作为学校对外的一个窗口，高校图书馆建筑又是校园里的一座标志性建筑。建筑造型应庄重典雅，色彩风格与整个校园保持一致，与周围环境相得益彰，突出文化气氛和现代图书馆的气息，具有时代性。

将建筑科学、技术与艺术融为一体，塑造一种使读者感到亲切并富有现代文化艺术神韵的、能让读者产生积极情感的优美建筑物，使读者在心灵中能产生一种和谐的韵律美，在享受艺术美的同时，激发读者的学习热情和奋发向上的精神。所以，校园图书馆的建设绝不仅仅是一栋单纯建筑物的设计问题，而是应在满足其自身功能要求的同时，将其作为校园整体环境的一个有机组成部分来考虑。

二、高校图书馆室内装饰设计原则

（一）灵活性原则

20世纪60年代，擅长设计高校图书馆建筑的英国著名建筑师哈里·佛克纳·布郎（H arty Faulkner Brown）提出图书馆建筑设计十项原则，并置灵活性原则于首位，现代图书馆灵活性可理解为：在满足当前需要的同时，在不改变建筑结构的条件下，为适应将来发展变化而具有改变内部空间布局、组合、划分和使用的可能性。20世纪70年代传入我国的模数式图书馆建筑被认为是图书馆建筑灵活性的象征。框架结构的模数式图书馆建筑，通过统一层高、统一荷载、统一柱网，将固定功能转变为动态功能。

1.统一层高

即将藏书区、阅览区、工作区三者设在同一层高，并要求在同一水平面上，若采用开架阅览和开架书库，在新建图书馆中设置单层书库的，其最佳高度为3.6 m。层高是否恰当，直接影响到阅览室的采光、通风及室内设备的安装（如电灯、电扇及空调等），更为重要的是影响读者的阅读心理。阅览室层高太低，会给读者造成严重的压抑感，由此图书馆的利用率也会大大降低。如阅览室层高过高也是不利的，这就需要增加照明光源、风扇及供暖设备等，引起建筑造价增高。

高校图书馆层高的确定是受功能、视觉心理、采光、通风、取暖、照明和经济等诸多因素影响的结果，其中主要以阅览室环境的舒适度来确定的。实践表明，阅读区安装空调的层高一般为3.8～4.5 m，净高为2.6～3.3 m，以自然采光通风为主的层高3.6～4.2 m，净高为3.0～3.6 m比较适宜。因此，层高的确定既要适应当前自然通风的需要，又要考虑今后有可能安装空调管道所需要的空间，过高会造成空间浪费和经济损失，过低影响其使用功能。

现代高校图书馆藏阅合一的管理方式，对阅读区的空间有了新的要求。藏、阅、管融于一间，若加上空调的使用，层高不便太高，如国外模数式图书馆书库阅读区的层高是统一的，但为了使用全人工照明和全空调系统时节约能源，最低的每层楼的净高只有2.3～2.5 m。近几年国内以三统一模式建成的高校图书馆阅读室层高略高一些，但净高均未超过3 m。这种低层高有益于节约能源，减少开支，既符合经费短缺的国情，也符合可持续发展的原则。

2.统一荷载

在传统图书馆的建筑设计中，阅览室和书库荷载设计是按国家标准规定设计的，阅览室荷载设计标准比较低，这不利于书库和阅览室在使用中的互换，现代图书馆实行开架阅览，为了能够在阅览室内设辅助书库和载架书库，楼板的荷载就必须按藏书荷载计算。

统一荷载的提出来自功能的可变性。然而，高校图书馆内部用房的各种功能是否都存在着可变性，而且每种变化情况都涉及设计荷载的变化，是值得认真分析的。例如：属于图书馆内部业务工作方面的采购、编目、装订、消毒、办公、会议、缩微、复印等荷载较轻的用房，以及密集书库这样荷载最大的用房，如果设计比较成熟，一般都会把它们布置在适当而合理的位置，既不会挤占其他用房，也难以被其他用房挤占。因此，有些荷载较轻的用房没有必要提高荷载指标去适应并不存在的使用功能的变化。而具有可能性的用房主要是藏书、阅读等用房，以及由于新兴载体、互联网络等发展所带来的新要求。

在这些可变用房的功能调整中，各类用房的适用性可以靠统一柱网和统一层高来解决，楼板承载能力则需要统一荷载来保障。其中，除密集书库的荷载为1000 kg/m^2（一般均设置在底层）外，书库的荷载一般为500 kg/m^2。其他各类用房，从现实的科学技术发展角度来看，图书馆设备、包括新兴载体、互联网络技术所使用的设备都是轻型的，不可能出现大量增加荷载的情况。承载力低的楼板不能承受高负荷，而承载力高的楼板可以承受低负荷。所以，荷载的核心问题是分区设置，哪里有可能集中放置藏书书架，哪里就采用书库的荷载，其他地方采用一般荷载即可。

3.统一柱面

即书库、阅览室、工作区都采用框架结构，大柱面。根据已经建成的图书馆的使用经验，75 cm柱网能达到《图书馆建筑设计规划》规定的最低标准，较好地满足阅览的需要，也能根据需要任意分割，如研究室、情报检索室、电子阅览室、视听室、会议室等。

藏书区是提高书与人交流的场所，占据着图书馆面积相当的比重，它设置了大量的书架与书籍而成为主要的结构荷载区。藏书量的多少代表该馆所能提供的服务能力，因此，可以说它是图书馆最重要的核心区。随着开架率的逐渐提高，藏阅合一的阅读室成为高校图书馆使用的主要功能空间了。所以，在进行高校图书馆建筑空间设计时，必须首要确定这种阅读室藏书区最适当的单元柱网。目前我们经常使用的较大适应性的柱网尺度有：7.2 m × 7.2 m，7.2 m × 6.9 m，7.2 m × 7.5 m，7.2 m × 6.5 m，7.5 m × 6.9 m，7.5 m × 7.5 m，随着现代化设备的更新、结构类型的改变，家具尺寸及柱子结构面积大小也会发生较大的变化，图书馆建筑的柱网设计也一定会朝着新的方向发展。

（二）开放性原则

计算机和网络技术的普及，使得图书馆的文献资源共建共享的梦想得以成真。这种理论反映到图书馆的建筑上来，就要求建筑遵守开放性原则进行设计。文献资料的全方位和全天候开架借阅，即所有馆藏文献直接面向读者，打破了传统的小面积分割、封闭的模式。普遍采用"三统一""大开间"的设计形式实现人机对话，开展个性服务，实行一卡通的借阅和"藏、借、阅、管"四位一体化原则，使高校图书馆的建筑真正做到"门庭开阔、空间开敞、资料开架、网络开通、管理开明"，从而使高校图书馆的开放性特色尽情地发挥出来。近几年来，开放原则在高校图书馆建筑中还表现在合作共筑上，参加共筑的对象有不同的高校图书馆及高校图书馆与其他机构的合作，如美国加州大学圣荷西校区与荷亚公共图书馆两馆于1998年共同出资联合建立新馆，并提出"无缝服务""平等对待"的原则。这种特殊的结构和模式，既有公共图书馆的特征，又有高校图书馆的服务功能，还具备科技图书馆的特点，正如建筑大师贝聿铭所说："借着建筑，能够把更多读者的生活、工作和人生相互调和起来。"

（三）人文化原则

在现代图书馆的建筑中，为了体现人文化思想，就要求从选址、室内布局多功能设计上，努力营造一种以人为本的主题思想，让读者去品位、去感受建筑，让建筑与读者之间产生亲和力。

1.选址合适

国家建设部1999年颁布的《图书馆建筑设计规范》中特别强调选址要充分考虑交通方便，环境安静，要符合安全和环境标准等。因此高校图书馆的选址应综合各种因素，周密考虑，具体应体现以下几方面：符合学校的办学规模及今后的发展方向，并且建成符合可持续发展这一要求的建筑。位置适中，交通方便，尽可能使读者到图书馆行走的距离最短，即最好应将馆址设在学校整体规划的中心地带上。环境适宜，这就要求图书馆周边没有噪声、粉尘、大气的污染，保证环境的安静。

2.室内布局更具人性化

现代图书馆的室内设计应符合人性的要求。图书馆的室内设计空间，首先是人的生存空间，其次才是人的阅读空间。因此室内设施

图7-5　图书馆室内布局

要注重美观耐用，符合人体基本尺度，设施位置的摆放不能影响读者的阅读视线（图7-5）。具体设计对读者的心理因素要多加考虑，对于人来说，环境功能作用的优势，直接影响着空间其他功能的实现。良好的环境，既能从视觉、听觉、触觉、嗅觉等方面满足读者的生理需求，又满足了读者的心理需求，从而产生轻松、愉快的心理效应，促进良好的学习、阅读效果；不良的读书环境容易使读者肌体失去平衡，产生烦躁、紧张、压抑情绪，影响学习思维、记忆，在这种情况下，设备再好，功能再多，也无济于事。根据经验，3.1 m以上的室内净高和普通的大空间设计不会造成闭塞压抑感。在色彩上，各种墙面、地面、顶棚的色彩处理原则是，必须给读者造成一个能集中注意力、减少疲劳、感觉舒适、轻松、安静的效果，各功能区域在色彩上还可以作适当的变化。

3.多功能性设计满足读者多样化的需求

现代信息技术的广泛应用，使图书馆的建筑结构发生了很大变化，原有的文献典藏、文献整序、文献借阅、信息咨询等图书馆的传统功能和服务手段越来越不能满足读者日益增长的文献需要。不断发展的形势要求图书馆的新型功能得到不断的补充和扩展，诸如图书馆的多媒体服务功能、文献信息数字化功能、文化交流功能、文化研究功能以及文化服务功能和文化娱乐功能都在不断发展。并且随着社会的进步和生活的改善，图书馆将成为读者文化娱乐和休闲交友的重要场所。与此相适应的音乐厅、书店、银行、邮递、小餐饮，同时还应给残疾人特别关怀，入口处专设无障碍通道，阅览室设专用座位和辅助设施，这样才能满足残疾人读者及不同年龄、不同层次读者的需求。

（四）绿色环保原则

随着科学、经济、社会、文化的"生态化"和"整合化"，未来的数字图书馆建筑设计思想的核心便是生态环境、建筑和人三者之间的和谐统一。

生态图书馆作为人类和自然之间的纽带和桥梁，其设计原则主要体现以下几方面。

1.建筑施工中少用或不用化学材料

许多建筑材料都含有对人体有害的毒性物质。如：氯乙烯、甲醛、酚类等在封闭的大楼中，潮湿的空气和室内产生的污染性物质本来就很难排除干净，容易使人"头晕恶心"，加速各种病毒的传播，加之油漆、墙壁、地面和家具散发出来的有毒气体，更增加了人们患各种疾病的危险性。因此应该选用绿色环保、无公害无污染、无放射性的材料，室内布置在注重感染力的同时，还应朝着具有生态效果的绿色环保方向发展，提高安全性，减少对人体的污染。

2.尽力采用无污染、再生能源

在图书馆的建筑中尽可能采用太阳能、风能等无污染的再生能源。作为取暖、照明、热水等的主要能源，北方地区有充足的太阳能和风能，现有的水平完全可以利用太阳能和风能作为图书馆的能源供给。这样不仅可以节约能源，还可以保护环境制订科学合理的照明标准，采用高效、长寿、节能、环保的光源和灯具，做到在有人活动的地方必须有足够的照明，没有人在，应将灯全部熄灭。

3.搞好采光和通风

采光指能得到的自然光线。采光问题应从两方面理解：一方面，太阳光线可杀灭室内空气中的一些致病微生物，同时还能提高人机体的免疫力。每天日照2小时，是维护人体健康和发育的最低需要。另一方面，强烈的紫外线对皮肤、眼睛角膜上皮细胞，纸张的纤维结构、水分、张力、耐折度都有一定的危害，所以也要采取适当的遮阴措施。通风涉及多方面的问题：其一，空气清洁度，指室内空气中有害气体、代谢物质和细菌总数的含量。其二，温度，冬天不应低于15 ℃，夏天不应高于30 ℃。其三，风速，室内风速冬天不应大于0.3 m/s，夏天不应小于0.15 m/s。其四，相对湿度，室内相对湿度不应大于65 %。

4.搞好建筑物周围环境绿化

绿化环境也是绿色图书馆不可缺少的一项内容。在图书馆周围种植花草树木的面积不得少于馆区全面积的1/3。科学实验证明，绿化面积少于1/3则起不到吸收噪声、清新空气和调节温、湿度的作用，绿化应选择那些不滋生、引诱害虫及不生长飞扬物的植物，且还要选择不易着火、有利安全的植物。特别推荐设置集水井，能有效节约地下水资源。

三、图书馆的界面设计

在可见结构的造型中，界面可以起到空间界限的作用。作为视觉艺术的建筑，是专门处理形式和空间的三维体积问题，所以，在建筑设计的语汇中界面便成为一个关键要素。

每个面的属性主要包括尺寸、形状、色彩、质感等。面的属性及它们之间的关系，将最终决定这些面限定的形式所具有的视觉特征，以及它们所围起空间的质量。

（一）顶面

顶棚相对于墙面和地面，并无实际的接触，距离读者常常是比较远的，几乎成为阅读空间中纯视觉的东西。对于顶棚界面的建筑设计，主要涉及以下几个方面。

1.区域划分

一个顶面可以限定它本身和地面之间的空间范围，由于这个范围的外边缘是由顶面的外边缘所规定的，所以其空间的形式是由顶面的形状、尺寸和地面以上的高度所决定。对于阅读空间，与其强调顶面的划分区域作用，还不如利用其作用强调统一空间更为适当，因为阅读空间的平面布局是一个变量，顶面则必须呈现很强的适应性。因此，针对顶面的区域划分作用，阅读空间的顶面设计首先应是统一化的。

如果一个阅读空间中的顶面完全是一样的，就同样会显得单调乏味而不合适，那么，门厅、出纳空间、特种阅读室等在图书馆中变化比较少，空间布局相对稳定的情况下，是打破单调的合适场所。另一个办法就是，在顶面高等相同的情况下，分层处理不同的顶面形式也是非常有效的。

2.顶棚与结构面的关系处理

（1）考虑空调等设备的遮蔽。这种情况下，顶棚形式不可避免地首先满足管线敷设的技术要求，顶棚与结构面的关系大多处于"分离"状态，以满足空调管道的空间要求。由于"三统一"原则的限定，层高不可能很高，因此，顶棚形式大多局限于二维空间。

（2）无空调等管线的敷设。这种情况下的顶棚设计的自由度很大，建筑师可以充分发挥其想象力。

这里附带说明一种情况，即无顶棚的顶面处理，其主要取决于结构形式和灯具的布置，当然还有表明材料、色彩的选择，同时与墙、柱等垂直面结合的细部处理也是顶面设计的首要重点。

3.顶面灯具的布置

实际上，顶棚灯具的布置问题主要牵涉图书馆照明设计，是一个非常复杂的问题。灯具的布置是顶棚设计的重要组成部分，通常灯具装在天花板上，以供一般照明和工作照明之用，且提供足够的亮度遍及每一个工作面上，采用白炽光和荧光的图书馆照明方式作为直接照明。但是近年来，由于能源消耗已成为采光设计之主要考虑因素，因此，采光原则逐渐已从强调直接照明转变到工作照明的趋势。

（二）墙面

墙面是视觉上限定空间和围合空间的最积极要素。除了垂直面的元素之外，作为特殊的"面"，空间的柱也是一个要素。上述两个要素，除了围护和支撑作用以外，对于阅读空间的设计，其主要的作用是分隔和划分空间，不同形式的墙面和柱对空间的形成，有着不同影响。

1.垂直的面

一个垂直面的高度，与视觉平面的高度有关，它影响到面从视觉上表现空间和维护空间的能力。在60 cm左右高度时，面可以限定一个领域的边缘，但对这个领域只是提供了很小的、不易察觉的围护感。当面达到齐腰高度时，就开始产生一种维护感，此时，还容许视觉与周围空间具有视觉上的连续性。当趋于视线高度时，就开始将一个空间同另一个空间分隔开来，面就打断了两个领域之间的视觉和空间的连续性，并且提供了一种强烈的维护感。

除了高度之外，面的材料特性对空间的表达也是很关键的，从视觉上讲，主要有透明材料和非透明材料两种类型。非透明材料的效果是强调单个空间，而透明材料表达了两个或更多的空间。

众所周知，一个面并不能完成限定它所面临空间范围的任务，只能形成空间的一个边缘。为了限定一个空间体积，一个面必须与其他的形式要素相互作用。利用这一点，我们可以根据自己的意愿来强化或减弱面的分隔空间作用。密斯1929年设计的巴塞罗那国际博览会德国馆就是最典型的例子。该例子虽然不是图书馆，但其运用各种面对空间分隔的概念，对现代模式下的阅读空间的平面布局具有很好的启示作用。

2.特殊形式的垂直面

作为特殊形式的场面，书架和柱的组合是阅读空间中最有潜力的因素，这一点是现代模式与传统模式在空间围合上的最明显的不同。现代模式下，除了消防楼梯间、电梯厅、卫生间、设备管道井等固定墙体外，阅读空间中的墙体是极少的，因此垂直面的主要是柱与书架，它们之间的不同组合可以产生各种各样丰富多彩、各具功能的空间和不同形式的面。

（三）地面

地面对空间界定的主要手段在于：标高的升降，基面色彩与质感。其中基面的升高与下沉对空间的界定最为显著，阿尔托设计的沃尔斯贝格文化中心是这个方法在图书馆空间的实例。但在阅读空间中，一般情况下，升高与下沉的幅度不能过大。因为它会大大降低平面布局的灵活性。所以，基面色彩与质感成为界定空间区域的主要手段。

空间界面的诸多因素中，地面与触觉的关系可以说是最为密切。因此，阅读空间的地面材料的运用是地面设计的首要环节。从感知的角度出发：地面表层的材料分硬材料和软材料之分。硬质材料中最常用的是花岗石与水磨石。一般来说，出于经济上的考虑，花岗石地面主要用于入口门厅等小范围局部区域，大范围区域主要是采用水磨石地面。硬质地面中还有其他三种形式：水泥地面、硬木地板面、防静电塑料地板面。水泥地面除了外观效果较差外，使用上也存在很大问题，主要是灰尘问题，虽然水泥地面刷漆可以解决灰尘问题，但其耐久性是很有限的，所以，目前高校图书馆内都不采用这种做法。至于硬质木地板与防静电塑料地板则主要用于特种阅读空间，如视听空间、研究室等。地毯对阅读空间是非常舒适的，除了触觉上给人舒适感之外，最大的优点是可以大大降低噪声，给阅读空间营造出一种安静的环境，其不利之处在于耐久性能较差且清洗麻烦。

参 考 文 献

[1] 荆其诚. 简明心理学百科全书 [M]. 长沙：湖南教育出版社，1991.

[2] 张春兴. 张氏心理学词典 [M]. 台北：东华书局，1989.

[3] 朱智贤. 心理学大词典 [M]. 北京：人民教育出版社，1989.

[4] 雷伯·S. 阿瑟. 心理学词典 [M]. 李伯黍等，译. 上海：上海译文出版社，1996.

[5] 叶浩生. 西方心理学的历史与体系 [M]. 北京：人民教育出版社，1998.

[6] 杨雄里. 脑科学的现代进展 [M]. 上海：上海科技教育出版社，1998.

[7] 索拉索·罗伯特. 21 世纪的心理科学与脑科学 [M]. 朱滢等，译. 北京：北京大学出版社，2002.

[8] 卡尔文·威廉. 大脑如何思维——智力演化的今昔 [M]. 杨雄里，梁培基，译. 上海：上海科学技术出版社，1996.

[9] 贝纳特·托马斯 L. 感觉世界——感觉和知觉导论 [M]. 北京：科学出版社，1983.

[10] 张述祖，沈德立. 基础心理学 [M]. 北京：教育科学出版社，1987.

[11] 张春兴. 现代心理学 [M]. 上海：上海人民出版社，1994.

[12] 彭聃龄. 普通心理学 [M]. 北京：北京师大出版社，2001.

[13] 孟昭兰. 普通心理学 [M]. 北京：北京大学出版社，1994.

[14] 艾森克·M. 心理学—— 一条整合的途径（上下）[M]. 阎巩固，译. 上海：华东师大出版社，2001.

[15] 贝里曼·朱莉娅，哈格里夫·戴维，霍维尔·凯文，等. 心理学与你 [M]. 武跃国，武国城，译. 钱铭怡，审校. 北京：北京大学出版社，2000.

[16] 林崇德. 发展心理学 [M]. 北京：人民教育出版社，1995.

[17] 申继亮，等. 当代儿童青少年心理学的进展 [M]. 杭州：浙江教育出版社，1997.

[18] 朱智贤. 儿童心理学 [M]. 北京：人民教育出版社，1993.

[19]　王甦，汪安圣．认知心理学［M］．北京：北京大学出版社，1992．

[20]　孟昭兰．人类情绪［M］．上海：上海人民出版社，1989．

[21]　斯托曼．K.T.情绪心理学［M］．张燕云，译．沈阳：辽宁人民出版社，1986．

[22]　沙莲香．社会心理学［M］．北京：中国人民大学出版社，1994．

[23]　时蓉华．现代社会心理学［M］．上海：华东师范大学出版社，1997．

[24]　莫雷，张卫．青少年发展与教育心理学［M］．广州：暨南大学出版社，1999．

[25]　张文新．儿童社会性发展［M］．北京：北京师范大学出版社，1999．

[26]　沈德立．发展与教育心理学［M］．沈阳：辽宁大学出版社，1999．

[27]　中央教育科学研究所．简明国际教育百科全书——人的发展[M]．北京：教育科学出版社，1989．

[28]　周宗奎．现代儿童发展心理学［M］．合肥：安徽人民出版社，2000．

[29]　姚本先．儿童发展与教育心理学［M］．合肥：安徽大学出版社，2002．

[30]　常怀生．环境心理学与室内设计——室内设计与建筑装饰专业教学丛书［M］．北京：中国建筑工业出版社，2000．

[31]　李宏．建筑装饰设计——教育部高职高专规划教材［M］．北京：化学工业出版社，2005．

[32]　林玉莲，胡正凡．环境心理学［M］．北京：中国建筑工业出版社，2001．

[33]　徐磊青，杨公侠．环境心理学［M］．上海：同济大学出版社，2002．

[34]　李道增．环境行为学概论［M］．北京：清华大学出版社，1999．

[35]　王德民．城市建筑环境中的空间尺度探讨［J］．四川建筑科学研究，2004，（04）．

[36]　刘舒娴．人本与生态——不可或缺的设计基点［J］．福建建筑，

2002，（01）．

[37] 张元端．中国住宅发展走向"十二化"［J］．河南国土资源，2004，（10）．

[38] 袁红．城市建筑空间的人本设计［J］．海南大学学报（自然科学版），2001，（03）．

[39] 李萌．浅议居住建筑设计的发展方向［J］．河南建材，2006，（02）．

[40] 孟文华．室内设计的人文思考［J］．山西建筑，2005，（04）．

[41] 牛更芝，张三军．建筑设计与自然辩证法［J］．山西建筑，2006，（07）．

[42] 曹如姬．建筑环境心理学在环境设计中的应用［J］．山西建筑，2008，（05）．

[43] 李菁．从环境心理学谈大学校园景观设计［J］．科协论坛（下半月），2009，（02）．

[44] 张玲玲．环境心理学中的微观空间行为［J］．黑龙江科技信息，2009，（06）．

[45] 张巧霞．环境心理学在传统商业街改造中的应用［J］．青岛理工大学学报，2009，（01）．

[46] 马莉．室内设计中环境心理学的影响及运用［J］．科技信息（学术研究），2008，（18）．

[47] 欧潮海，王善余，刘晓培．谈环境心理学与现代室内设计［J］．山西建筑，2008，（06）．

[48] 黄朝晖．浅析环境心理学与校园绿化设计［J］．海峡科学，2008，（05）．

[49] 王晓静，任荣，郭旻．环境心理学在建筑设计中的应用——以医院建筑为例［J］．工业建筑，2008，（01）．

[50] 欧潮海，刘晓培．论环境心理学与现代室内设计［J］．工业建筑，2007，（01）．

[51] 李晓，张琲．环境心理学在无障碍家具设计中的应用［J］．包装工程，2009，（03）．

[52] 陈栩．基于环境心理学的室内环境设计［J］．山西建筑，2009，（04）．

[53] 蔡镇钰．室内环境设计有感［J］．建筑学报，1988，（02）．

[54] 翁玲．浅谈室内环境设计［J］．黄石高等专科学校学报，1997，（02）．

[55] 许亮.论室内环境设计的评价方法［J］.重庆商学院学报，2002，（03）.

[56] 梁志行.环境心理学与室内设计的关系［J］.广东建材,2007,（05）.

[57] 张楠，何鹏.浅谈室内环境设计［J］.中小企业管理与科技（上旬刊），2009，（06）.

[58] 李彬彬.设计心理学［M］.北京：中国轻工业出版社，2001.

[59] 俞国良.环境心理学［M］.北京：人民教育出版社，2001.

[60] 任仲泉.空间构成设计［M］.南京：江苏美术出版社，2002.

[61] 赵伟军.设计心理学［M］.北京：机械工业出版社，2008.

[62] 朱广宇.中国传统建筑［M］.北京：机械工业出版社，2008.

[63] 徐磊青.人体工程学与环境行为学［M］.北京：中国建筑工业出版社，2006.

[64] 陈易，陈永昌，辛艺峰.室内设计原理［M］.北京：中国建筑工业出版社，2006.

[65] Howard G S. Adapting human lifestyles for the 21st century［J］. American Psychologist，2000（55）：509–515.

[66] Stern PC.Psychology and the science of human–environment interactions［J］. American Psychologist，2000（55）：523–530.

[67] Stuart Oskamp. A Sustainable future for humanity：how can psychology help?［J］. American Psychologist，2000（55）：496–508.